四川旅游学院学术专著出版资助

巴蜀饮食文化
融入川渝地区食育研究

郑伟 著

中国轻工业出版社

图书在版编目（CIP）数据

巴蜀饮食文化融入川渝地区食育研究 / 郑伟著.
北京：中国轻工业出版社， 2025. 8. --ISBN 978-7
-5184-5616-1

Ⅰ. TS971.2

中国国家版本馆CIP数据核字第2025A1N142号

责任编辑：王晓琛　　责任终审：劳国强　　封面设计：锋尚设计
版式设计：辰轩文化　　责任校对：朱燕春　　责任监印：张京华

出版发行：中国轻工业出版社（北京鲁谷东街5号，邮编：100040）
印　　刷：北京君升印刷有限公司
经　　销：各地新华书店
版　　次：2025年8月第1版第1次印刷
开　　本：787×1092　1/16　印张：10.5
字　　数：230千字
书　　号：ISBN　978-7-5184-5616-1　定价：58.00元
邮购电话：010-85119873
发行电话：010-85119832　010-85119912
网　　址：http：//www.chlip.com.cn
Email：club@chlip.com.cn

242736K9X101ZBW

序　言

民以食为天。饮食从古至今一直是国计民生的大事，关系着民众生存生活和国家长治久安。中国历来高度重视农业生产，改革开放以后更是大力发展餐饮服务业，不断解决“菜篮子”“米袋子”问题，促进经济社会进步和人民饮食生活水平不断提高。

进入21世纪以来，随着脱贫攻坚取得胜利，中国全面建成小康社会，人们的文化自信心日益增强，饮食需求不断增长，从追求“吃得饱”向“吃得好”“吃得健康”“吃得有文化有品位”转变提升。人们在日常饮食生活中，十分注重营养健康，期望获取符合自身营养需求的饮食；强调食以安为先，努力学习食品安全知识，期望不断提高食品安全防范能力；热爱中国饮食文化，期望以饮食为载体，不断感受体验和传承弘扬中华优秀传统文化；弘扬劳动精神和工匠精神，期望学习食材的种植养殖和饮食品制作技艺，不断增强自身的生产生活能力。如何满足广大民众基于饮食的多样化、高层次的新需求？解决这个问题的路径多种多样，其中的重要路径就是通过食育，以食育相伴，促文化传承，助力健康中国建设。

如今，食育在中国不断开展。全国范围内，国家实施健康中国战略，设立了全民营养周、中国学生营养日、全民健康生活方式日、全国食品安全宣传周等，制定了系列食育相关政策，指导和引领着中国食育的发展。川渝地区积极响应，政府相关部门制定出台川渝地区食育文件，开展食育科普宣传活动，民众从巴蜀饮食文化中汲取营养、加深对食育的认知。学校积极开展食育活动，开发食育课程，编写食育教材，将食育与德智体美劳五育相结合，促进学生综合素质提升。此外，家庭积极示范传承饮食民俗礼仪；科研院所不断开展食育科学研究，推动食育科研成果应用转化；企业加快搭建食育载体，开发丰富的食育文化产品。全社会不同的食育主体各负其责，又相互协同配合、形成整体，共同推动川渝地区食育的开展。

随着川渝地区食育实践行动的快速发展，越来越多的学者开始关注食育，以食育为研究对象，特别是针对某一食育实践行为开展研究，产出了一些研究成果，但是总体而言，还不够系统全面和深入，对川渝地区食育发展现状的研究还需要进一步加强。郑伟撰写的《巴蜀饮食文化融入川渝地区食育研究》一书是当前川渝地区食育研究的又一成果。该书在总结前人研究成果的基础上，进一步明晰了食育的概念，分析了食育的特征和价值，从食育实施主体、食育手段、食育内容、食育实施对象四个维度构建了较为完整的食育体系，有助于食育理论研究的进一步深化；同时，将巴蜀饮食文化与川渝地区食育深度融合，挖掘提炼巴蜀饮食文化中相关食育内容，阐述川渝地区食育发展的整体现状，提出川渝地区食育发展的路径与对策，有助于推动川渝地区食育的高质量发展。希望以此为契机，让更多的人进一步关注和研究川渝地区食育，不断满足民众日益增长的饮食生活新需求，促进巴蜀饮食文化的传承弘扬，推动健康中国战略目标的完美实现。

是为序。

世界中餐业联合会特邀副会长、饮食文化专委会主席

四川省民俗学会副会长

四川旅游学院二级教授

杜　莉

前　言

食育即饮食文化教育，是指有目的、有计划、有组织地对人们进行饮食思想与观念、饮食礼仪与习俗、饮食营养与安全、饮食生产与加工技艺等的教育活动。近年来，随着健康中国战略的实施，食育愈发引起全社会的关注和重视。国家出台了系列引导支持食育发展的政策文件，《国民营养计划（2017—2030年）》提出，要推动中小学加强营养健康教育；《健康中国行动（2019—2030年）》要求，推动营养健康科普宣教活动常态化；《中国儿童发展纲要（2021—2030年）》明确指出，要加强青少年的食育工作。同时，教育部、农业农村部、国家卫生健康委、国家市场监督管理总局等有关部委及司局于2022—2024年联合连续举办了3届中国食育大会。食育在中国得到快速发展，食育主体更为多元，食育内容不断丰富，食育手段愈发多样，食育成效日益凸显。食育在提高民众饮食营养健康水平、养成良好饮食习惯、提升创造美好饮食生活能力等方面发挥了重要作用，对反对餐饮浪费、加强食品安全、实施国家粮食战略、科学构建“大食物观”产生了重要影响。

在中国食育快速推进的今天，川渝地区食育蓬勃发展。川渝地区食育既具有中国食育的一般特征，又具有独特的地域性和鲜明的饮食文化特性。它是在巴蜀饮食文化长期浸润和滋养中开展的食育，巴蜀饮食文化中蕴含着丰富的饮食思想观念、饮食礼仪习俗、饮食营养与安全、饮食生产加工技艺等，是川渝地区食育开展的重要文化源泉。加强川渝地区民众食育，必须深度融入巴蜀饮食文化，推动巴蜀饮食文化创造性转化和创新性发展，只有这样，川渝地区食育才能具有深厚的文化底蕴和强劲的创新活力，为中国食育的发展做出应有的贡献。

当前，食育研究逐渐引起学者重视，但相关研究成果不够突出。大多数学者往往侧重于食品安全和营养健康两个方面的食育研究，对饮食思想观念、饮食礼仪习俗和饮食生产加工技艺研究较少，食育理论研究不够系统深入，食育概念理解不一，食育内容不够全面，食育手段较为单一，食育体系尚未建立，不利于食育的开展。同时，川渝地区食育研究进展较为缓慢，对川渝地区食育整体现状的概述分析较为缺乏，对食育路径和对策的凝练不够清晰，巴蜀饮食文化与川渝地区食育融合发展研究尚处于起步阶段，川渝地区食育研究落后于食育实践活动的快速开展，亟须加强川渝地区食育研究，推动川渝地区食育高质量发展。为此，笔者在吸收借鉴前人研究成果的基础上，查阅、整理、综合运用食育相关文献资料，提出了食育的概念，构建了食育体系。同时，采用问卷调查、实地考察、实证分析等研究方法，对巴蜀饮食文化融入川渝地区食育的现状、问题及路径进行了研究，做到理论构建与实践指导相统一。

本书共由四章构成。第一章为食育与食育体系构建。本章界定了食育的概念，分析了食育的特征和价值，在此基础上构建了食育体系。食育体系由实施主体、食育手段、食育内容、实施对象四大要素组成，四大要素之间有机统一，形成整体，协同配合，高效运转。第二章为巴蜀饮食文化融入川渝地区食育必要性与可行性及内容。本章首先界定了巴蜀饮食文化的概念，梳理了巴蜀饮食文化的发展历程；其次，阐释了巴蜀饮食文化融入川渝地区食育的必要性和可行性；最后重点论述了巴蜀饮食文化中与食育相关的内容，包括巴蜀饮食文化中的饮食思想、饮食观念、饮食礼仪与习俗、饮食传统营养以及饮食生产与加工技艺等，为川渝地区食育开展奠定了深厚的文化底蕴，赋予了鲜明的地域特色，也为传承弘扬巴蜀饮食文化起到了重要推动作用。第三章为巴蜀饮食文化融入川渝地区食育发展的现状。本章从川渝地区食育政策出台、食育教育教学活动开展、食育家庭示范传承、食育科普宣传、食育载体建设、食育科学研究、食育文化产品制作等方面，全面概述了川渝地区食育取得的成绩，在此基础上，客观准确分析了川渝地区食育存在的问题，主要有食育工作机制不够完善，专门性食育工作方案欠缺；学校食育教学体系不强，食育课程尚未健全；食育科普宣传深度和广度还不够，民众对食育认知水平不高；食育载体总体数量偏少，育人功能有待提升；食育综合性高水平科研平台欠缺，食育科研总体水平不高；食育人才队伍实力较弱，食育人才培养水平有待提高等。食育主要问题的提出，为科学制定川渝地区食育发展路径与对策提供了重要参考。第四章为巴蜀饮食文化融入川渝地区食育发展的路径与对策。以问题为导向，以食育目标为中心，提出了具体可行、切实有效的食育措施。主要包括以制度建设为首要任务，健全完善川渝地区食育工作机制；以学校食育为主阵地，构建三位一体的食育体系；以科普宣传为主要方式，不断提高民众对食育的认知水平；以载体建设为重要内容，强化食育载体的育人功能；以科学研究为智力支撑，努力产出高水平食育科研成果；以人才建设为根本保障，持续提升食育人才培养水平等。

本书在写作过程中，得到了四川旅游学院杜莉教授的悉心指导，得到了四川旅游学院川菜发展与饮食文化研究院王胜鹏院长的鼓励，以及川菜发展与饮食文化研究院全体同仁的帮助；问卷调研过程中，得到了全体被调研人员的配合，在此一并表示衷心的感谢并致以崇高的敬意。

今天，人们对美好饮食生活的需求是食育发展的内在动因，川渝地区食育发展进入了快车道。希望本书为川渝地区食育研究抛砖引玉，促使更多学者全面深入开展川渝地区食育研究，为丰富完善食育理论，推动川渝地区食育实践行动，进而推动川渝地区高质量发展，传承中华优秀传统文化做出应有的贡献。由于笔者学养、能力有限，书中难免有疏漏之处，敬请广大专家学者不吝赐教，批评指正。

郑　伟

目 录

第一章

食育与食育体系构建

食育是一种特殊的社会实践活动，是一个专业术语，具有鲜明的特征。食育实施涉及众多要素，包括食育实施主体、食育对象、食育手段、食育内容等。研究食育，首先要明确界定食育的概念，阐释食育的特征和价值，在此基础上，尝试构建食育基本体系，从而推动食育系统性、整体性研究，强化食育研究，奠定理论基础。

第一节 食育的概念与特征

一、食育的概念

“食育”一词最早由日本著名的养生学家石塚左玄提出，之后，中外诸多专家学者对食育的概念进行了界定，由于认知角度及理解方式不同，目前，学术界尚未对食育的概念形成一致的见解。国外对食育概念研究较多的是日本，石塚左玄认为：“体育、智育、才育归根到底皆是食育。”① 日本《现代用语基础知识（2000年版）》将食育定义为：使孩子们具有选择食物能力的教育。2005年，日本颁布了《食育基本法》，其中指出：“食育是德育、智育、体育、群育以及美育的基础，通过教学过程以及生活经验等，习得饮食相关知识、食物选择能力以及培养实践健全饮食生活的能力。”由上得知，日本对食育的界定主要从食育的地位角度出发，强调食育与学校教育的关系，突出食育对学生生活的影响。中国诸多专家学者对食育的概念提出了自己的见解，其中比较有代表性的观点列述如下。2006年，李里特提出：“食育就是良好饮食习惯的培养教育。”②2007年，学者方慧提出：“食育是饮食行为教育，包括饮食观念教育、膳食营养知识教育以及饮食卫生安全教育等。”③2010年，赵荣光教授提出：“食育是一种大众饮食生活知识传授、行为示范和观念影响的社会性信息传承与授受的现象，主要目标在于促进人们养成良好的饮食习惯和掌握科学的营养知识。”④2013年，生吉萍提出“饮食教育”的概念，他将饮食教育定义为：“将科学的营养知识和适合本国国情的先进文化，通过各种形式让国民养成良好的饮食习惯，并希望让大众愉快而简单地养成良好的饮食习惯，从而受益终身。”⑤2015年，施宝华指出：“食育是对全社会民众推行饮食卫生、饮食安全以及营养适量平衡的知识和技能的综合教育。”⑥ 国内学者对食

① 石塚左玄．化学的食养长寿论［M］．东京：日本CI协会，1896：276.

② 李里特．“食育”是国民健康的大事［J］．中国食物与营养，2006（03）：4—7.

③ 方慧．关于加强与推进我国未成年人“食育”工作的一些思考［J］．上海青年管理干部学院学报，2007（04）：40—42.

④ 赵荣光．中国食育文化的历史评估与现实思考［J］．南宁职业技术学院学报，2010，15（06）：1—5.

⑤ 生吉萍，刘丽媛．国内外饮食教育发展状况分析［J］．中国食物与营养，2013，19（06）：5—9.

⑥ 施宝华．食育：亟待制定的国策（上）［J］．食品工业科技，2015，36（01）：18—23.

育的定义主要侧重于食育的内容角度，大家比较认同食育是饮食习惯和营养知识的教育，最终形成良好的饮食行为，但对食育范围界定相对狭小，尚未对食育的内容进行完整全面的概述。

结合中外学者对食育概念的认知，笔者认为，所谓食育，即饮食文化教育，是有目的、有计划、有组织地对人们进行饮食思想与观念、饮食礼仪与习俗、饮食营养与安全、饮食生产与加工技艺等的教育活动。食育的目的是使人们掌握饮食基本知识、具备一定饮食技能并养成良好的饮食文明素养，从而能够实现科学、营养、健康、美好的饮食生活。

二、食育的特征

（一）全面性

食育的内容多样而全面。食育是饮食文化教育，饮食文化是指“人们在长期的饮食品的生产与消费实践过程中，所创造并积累的物质财富和精神财富的总和”[①]。饮食文化范围非常广泛，食育的内容复杂多样，也涉及物质与精神两大方面。食育不仅包括饮食营养与安全的教育，还涉及饮食思想与观念、饮食礼仪与习俗、饮食审美、饮食生产与加工技艺的教育。这些内容相互融合，形成整体，具有层次性、整体性、全面性等特征，符合客观逻辑，应该循序渐进、由浅入深地进行饮食文化教育。

（二）系统性

食育是有目的、有组织、有计划地进行的教育活动。食育的对象是全体民众，由此食育的实施主体应该是全社会。政府、学校、家庭、企业、科研院所、行业协会及其他相关机构等共同参与食育实施。各个实施主体各负其责，分工明确，同时又相互配合，协同推进，组成系统，推动食育各要素优化配置，畅通食育运行机制。再从食育实施对象来看，其系统性明显，人的一生分为婴儿、幼儿、少儿、青年、中年、老年等不同的阶段，各个阶段适用的食育方法不同，食育内容有异，同时又前后呼应，相辅相成，需要对食育实施对象开展系统的教育。

（三）复杂性

俗话说：十年树木，百年树人。育人是一项长期复杂的工程，食育的复杂性比较明显。首先，民众个体差异性较大，对饮食文化了解掌握程度不同，食育要因人而异，需

① 杜莉．中国饮食文化［M］．北京：中国轻工业出版社，2020：8.

要把握个人发展的内在规律，客观看待食育过程中人生长发展存在的循环反复、变化不定，做好打“持久战”的准备，坚持春风化雨、润物无声，克服急于求成、一蹴而就的心理。其次，食育的地域具有复杂性的特点。中国地大物博，各地区发展不平衡，各地食育现状不一致，食育水平参差不齐，需要充分考虑各地食育发展的实际情况，客观应对各地食育发展的复杂局面，做到因地制宜，实事求是。

（四）实践性

食育是一项特殊的教育活动，其实践性尤为明显。食育的过程就是通过一系列饮食育人的实践活动，包括体验农耕、动手烹饪、参观饮食展会、学习饮食知识、改正不良饮食习惯、研习饮食礼仪、传承饮食民俗文化等，教育指导民众掌握科学的饮食知识，形成良好的饮食价值观念，具备基本饮食技能，提升饮食综合素质，从而养成健康科学的饮食习惯，做出合理正确的饮食行为，实现人与自然、人与环境的和谐，从而推动健康中国战略的实施。实践性是食育的本质属性，是食育的出发点和落脚点，需要在食育的过程中加强实践，通过各种食育活动的实施，真正在“做中学、学中做”，实现食育改造人、教育人的目的。

（五）创新性

当今经济社会发展日新月异，民众饮食场景、饮食行为不断变化，智慧餐厅、数字化餐饮、预制菜产业、机器人厨师等让人目不暇接。食育的开展应紧跟时代变化形势，加强食育内容和食育方式方法的创新，不断开展寓教于乐、参与感体验感强、民众喜闻乐见的食育新活动。同时，积极利用互联网、大数据、云计算、人工智能等科技手段和创新食育手段，推动食育与时俱进，推陈出新，不断适应民众饮食新的变化形势。

三、食育的价值

（一）帮助民众树立正确的饮食思想观念

食育包括饮食思想观念的教育，通过向民众灌输劳动人民创造并积累的优秀传统的饮食思想如天人合一、因时调适、因地制宜、五味调和等，以及符合时代发展的先进的饮食观念如节俭、本真、尚美、营养、健康等，从而使民众深入了解饮食思想的内涵和精髓，树立科学正确的饮食价值观念，具备良好的饮食思维心理，能够从思想上指导民众开展适应社会发展需要和促进民众营养健康的饮食实践活动，创造丰富而多彩的饮食文化，从而达到饮食与自然、社会的和谐统一。

（二）培养民众养成良好的饮食习惯

当今社会，民众饮食习惯问题较为突出，不按时进食、暴饮暴食、偏食挑食等现象在青少年群体中普遍存在；全球餐饮浪费形势依然非常严峻。通过食育，能够使民众了解认识不良饮食习惯带来的危害，帮助民众养成按时进餐、不偏食、不挑食、杜绝暴饮暴食、酗酒等良好饮食习惯，从而能够享受科学健康的饮食生活。同时，通过食育，民众能够养成饮食节俭意识，减少甚至杜绝餐饮浪费行为，对解决全球粮食危机，实施粮食安全战略，推动饮食可持续性发展具有重要意义。

（三）增强民众食品安全意识和能力

当今社会，食品安全是民众最为关心的民生内容之一。普通民众食品安全相关知识比较欠缺，食品安全预防能力较弱；许多商家缺失食品安全底线意识，存在违规使用食品添加剂、制作假冒伪劣食品的行为，由此导致社会上食品安全事件时有发生，危害了人民群众的生命健康。通过食育，能够使民众了解基本的食品科学知识，认识食品安全相关法律法规，提高对食品安全的认知，增强食品安全隐患预防能力，从而在全社会形成人人讲食品安全、人人懂食品安全、人人做食品安全的良好氛围，为维护民众饮食生活健康提供坚强保障。

（四）提高民众营养健康水平

随着经济社会的发展，民众愈发重视饮食营养健康，但同时，民众营养学相关知识比较欠缺，合理膳食的能力较弱，没有完全实现科学健康的饮食生活。食育包括饮食营养健康教育，它通过进行专门的营养健康教育和举办全民营养健康科普宣传活动等，能够使民众了解掌握人体必需的营养素及其作用、膳食营养素参考摄入量、膳食结构和膳食指南、特殊人群营养、营养与疾病、营养监测、食谱编制和营养配餐等相关知识，提升民众科学营养饮食的能力，从而提高全社会民众营养健康水平，使民众能够更好地享受科学、营养、美好的饮食生活。

（五）提升民众饮食生产技能

随着现代化、城市化进程加快，诸多民众尤其是青少年劳动锻炼的机会逐渐减少，劳动技能逐渐减弱。许多人不了解食材的来源，没有掌握基本的食材种植养殖技术，对基本的菜肴制作技艺知之甚少，不会做菜做饭。食育包括食材种植养殖技术和烹饪技艺的相关教育，教授食材相关知识和烹饪基本技艺，能够使民众了解认识食材，掌握基本的食材种植养殖方法和家庭常见菜肴制作技术，提高民众基本的劳动生活能力，锻炼民众的体格，磨炼民众的精神品质，从而提升民众创造美好饮食生活的能力。

第二节
食育体系的构建

由于食育具有全面性、系统性、复杂性等特点，食育的开展需要全体民众共同参与，相互协调配合，是一个庞大的社会体系，因此构建食育体系显得尤为重要。关于食育体系的构建，国内外进行了积极的探索，形成了诸多研究成果。国外，日本食育体系构建相对成熟，其食育体系主要包括五大层面："一是体制层面：政府主导，有序分工；二是战略层面：顶层设计，重点突出；三是目标层面：问题导向，定期评估；四是实践层面：面向国民，全方位建设；五是保障层面：人才先行，制度支撑。"① 中国学者对食育体系构建提出了自己的见解。学者苏佳尝试构建了学校食育教学体系，她指出："制定相应的教材编写、师资培养、课程设置、教学模式、考核管理等教学体系建设；加强中小学综合实践活动的组织、管理与考核，将食育主题作为其推荐名单，在当前自然教学、研学旅游以及实践教学中适当引入食育内容，促进课堂教学与课外实践教学的协调发展。"② 学者侯鹏等探讨了食育的主体和食育的内容，其认为："食育的主体包括政府部门、学校、家庭、受教育主体、企业以及社会组织等。食育的内容，狭义上主要包括树立食物浪费意识，熟悉与食物、营养和健康的有关常识，培养合理膳食结构、科学饮食方式和正确饮食习惯，以及掌握基本的烹饪知识等。广义上的食育还包括熟悉常见食物（作物和果蔬）生产、国家粮食（食物）安全知识，抵制和减少食物浪费、发扬中华优秀传统饮食文化以及鼓励与食物相关的创新行为。"③ 学者孙君茂、刘锐对食育工作模式进行了研究，他们认为："食育工作模式主要包括旅游参观式、信息传媒式、教学研发式和互动体验式等。"④

借鉴中外学者对食育体系的研究，笔者认为食育体系是食育全要素的组合，是食育实施的体制机制，是食育运行的整体系统。食育体系主要分为四大层面：一是实施主

① 刘晓洁，管晓慧，程书波．日本食育发展历程、体系构成研究及对中国构建食育长效机制的启示与思考［J］．中国食物与营养，2021，27（06）：5—11.

② 苏佳．日本食育理论体系与实践经验对中国推行食育行动的启示［J］．食品与机械，2021（10）：171—175.

③ 侯鹏，王灵恩，刘晓洁，李云云，薛莉，成升魁．国内外食育研究的理论与实践［J］．资源科学，2018，40（12）：2369—2381.

④ 孙君茂，刘锐．国家食物营养教育示范基地创建模式与实践［M］．北京：研究出版社，2020：202.

体，二是食育手段，三是食育内容，四是实施对象。食育实施主体类型多样，食育手段丰富，食育内容充实，食育实施对象具体，它们之间有机统一，形成整体，协同配合，组成了高效运转、完整的食育体系（图 1-1）。

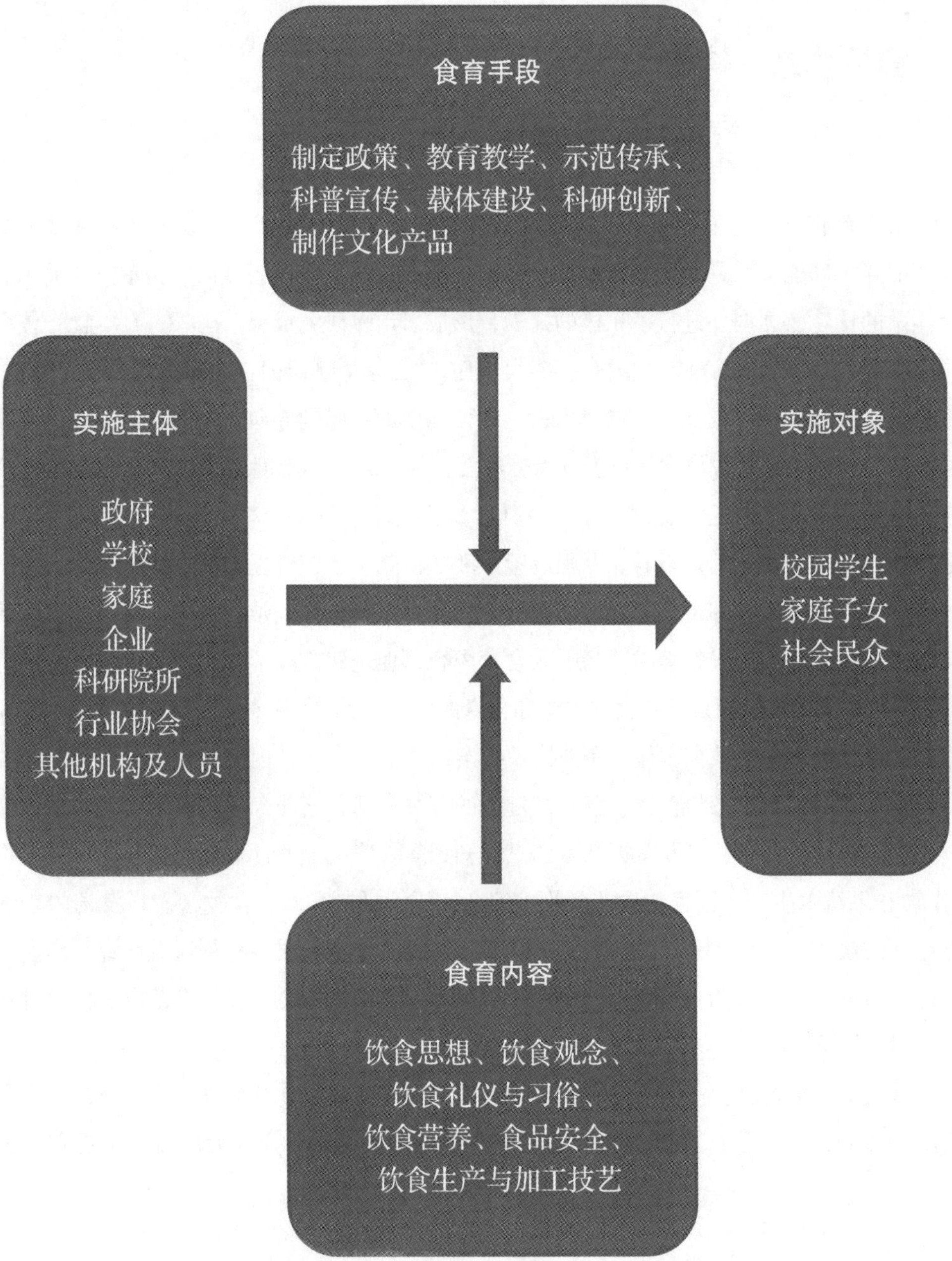

图 1-1　食育体系

一、实施主体

实施主体是食育实施团体组织，主要包括政府、学校、家庭、企业、科研院所、行业协会及其他机构和人员。其中，政府主要包括农业、教育、医疗卫生、文化旅游、市场监管等与饮食教育相关的部门。学校包括幼儿园、小学、中学、大学、社会教育培训机构等一套完整的教育系统。家庭是一种以血缘为基础、具有情感纽带的社会单元，作为食育实施主体主要指父母对子女的饮食行为教育。企业主要为从事休闲农业、美食旅游、饮食文化博览、美食会展、餐饮服务等的相关企业。科研院所主要是从事饮食文化、饮食营养健康、饮食教育等的相关研究机构。行业协会主要指与餐饮美食相关的行业组织等。其他机构及人员主要包括参与食育文化产品制作传播的媒体平台及相关人员。食育主体是开展食育的核心力量，各团体之间既分工不同又相互合作，共同推进食育的实施。

二、食育手段

食育手段即食育实施的方式方法，是实现食育目的的重要途径。食育的手段丰富多彩，根据食育实施主体的职责任务不同，食育手段各有侧重，同时，实施主体食育手段又具有多样化、综合性的特征，注重组合搭配。制定食育相关法规政策，做好食育的顶层设计，加强食育的监督检查，是政府及相关部门开展食育的主要手段。教育教学是学校开展食育的主要手段，主要表现为教授学生基本的食品安全、饮食营养知识，培养教导学生形成科学饮食思想，树立正确的饮食价值观念。示范传承是家庭开展食育的主要手段，家庭作为食育的第一环境和终身环境，主要表现为传授学生掌握基本的饮食生产与加工技艺，传承饮食礼仪及饮食习俗。科普宣传是食育最常见实用的手段，其科普宣传方式灵活多样，科普宣传内容丰富，食育受众面广，实施主体多，政府、学校、企业、科研院所、行业协会等均可使用科普宣传的食育手段。载体建设是基础性、保障性的食育手段，政府、学校、企业、行业协会均可通过载体建设来改善食育的条件，突出食育的特色。科研创新主要指食育相关科研院所通过加强食育科学研究，坚持产学研用一体化，推动研究成果应用转化，促进食育实现高质量发展。制作文化产品是食育相关机构包括媒体创制食育相关书籍、期刊、报纸等传统文化产品和纪录片、教学片、短视频、直播等食育相关电子文化产品，其能提高食育的普及度，使民众能够更便捷快速地了解食育、接受食育。

三、食育内容

食育内容是食育目标的重要体现。根据食育的定义与特征，食育内容涉及饮食文化的方方面面，主要包括饮食思想、饮食观念、饮食礼仪与习俗、饮食营养、食品安全、饮食生产与加工技艺等。饮食思想是指饮食活动反映在人的意识中经过思维活动而产生的结果或形成的观点及观念体系。中国人饮食思想是中华民族数千年来形成的饮食智慧的结晶，如：天人相应、食治养生、五味调和、节气饮食等，指导着民众的饮食行为，深深影响着中国人的饮食思维、心理。饮食观念是指在饮食思想影响下，经过长期饮食实践总结提炼形成的饮食价值取向。中国人的饮食观念是中华民族传统美德的体现，如：勤俭节约、怜材惜物、杜绝浪费、物尽其用等等。饮食礼仪与习俗是指人们在饮食活动过程中约定俗成的、共同认可的行为规范和风俗习惯。中国人在饮食过程中非常讲究礼数与秩序，如长者为先、合餐而食、热情待客等，它是中国传统社会等级观念的表达，同时，中国人千百年来创造并传承至今的饮食风俗习惯丰富多样，主要包括日常食俗、节日食俗、人生礼仪食俗、宗教食俗、社交食俗等类型[①]，其具有民族性、地域性、社会性、传承性等特征，是维系中国人情感的纽带，也是中国人重要的文化认同符号。饮食营养学是指研究食物营养搭配与人体膳食均衡关系的学科。中国饮食营养主要包括中国传统饮食养生思想和现代食品科学知识。食品安全主要指民众具备基本的食品安全知识，讲究饮食卫生，预防饮食疾病，从而实现健康饮食的目的。饮食生产与加工技艺是指民众日常生活所需的基本的食物生产、加工、制作技艺，主要包括食材种植养殖、食物烹饪制作技术等。

四、实施对象

实施对象为食育的接受人群。我国食育的实施对象范围广泛，复杂多样。其中，校园学生是食育的重要实施对象，包括幼儿园、中小学及高校学生等。家庭子女是家庭食育开展的重要实施对象，尤其是孩子在婴幼儿、青少年阶段，其食育受父母影响比较大。社会民众是食育实施对象最为广泛的群体，其食育程度直接关系到国民的饮食生活，是健康中国战略实施的重要保障。在社会民众之中，应尤其加强对社区老年人等特殊群体的食育教育。同时，食育各实施对象并非各自独立，而是相互交融，应该用统一、整体、发展的眼光来看待食育各实施对象。

① 杜莉．中国饮食文化［M］．北京：中国轻工业出版社，2020：146.

第二章

巴蜀饮食文化融入川渝地区食育必要性与可行性及内容

川渝地区是中国西南重镇，川渝地区食育既具有中国食育发展的一般特征，又有其独特性。川渝地区食育根植于巴蜀饮食文化，巴蜀饮食文化历史悠久、源远流长、博大精深，其蕴含有丰富的饮食思想、饮食观念、饮食礼仪与习俗、饮食生产与加工技艺等，是川渝地区食育发展的重要基础，赋予了川渝地区食育鲜明的地域特色。研究川渝地区食育发展，首要之义为挖掘巴蜀饮食文化，探析巴蜀饮食文化中与食育相关的内容，梳理巴蜀饮食文化与川渝地区食育发展之间的关系。

第一节 巴蜀饮食文化的概念及发展历程

一、巴蜀饮食文化的概念

关于巴蜀饮食文化，历来有诸多专家学者进行了研究，但对巴蜀饮食文化的概念尚未形成明确统一的认识。学者赵萍认为："巴蜀饮食文化包罗万象，是食品生产、流通和消费过程中形成的物质财富和精神财富的总和。"① 与巴蜀饮食文化相近的概念是川菜文化，杜莉教授曾提出川菜文化的概念，她认为川菜文化是指："四川人在饮食烹饪的社会历史实践过程中，为满足生存、发展、享受的生理和心理需要所创造的物质财富和精神财富的总和。"②《中国饮食文化》一书对饮食文化的概念进行了界定："饮食文化是指：人们在长期的饮食品的生产与消费实践过程中，所创造并积累的物质财富和精神财富的总和。"③ 结合巴蜀饮食文化相关概念的界定，笔者认为，巴蜀饮食文化是指：巴蜀地区民众在饮食品的生产与消费实践过程中，为满足生存、发展、享受的生理和心理需要所创造的物质财富和精神财富的总和。其中，巴蜀地区在先秦时期指的是巴国、蜀国，今天主要为川渝地区。

二、巴蜀饮食文化发展历程

巴蜀饮食文化是巴蜀民众日常饮食生活的结晶，是巴蜀文化的重要组成部分，其具有历史性、传承性、创新性、地域性等特征。巴蜀饮食文化发展历程大致经历了孕育萌芽、初步发展、蓬勃发展、成熟定型、繁荣创新五大时期。

（一）孕育萌芽期

先秦时期是巴蜀饮食文化初步形成期。上古时代，巴蜀先民过着采集渔猎的原始生活，经过漫长时期，民众开始种植农作物，距今 5000 年前，成都平原附近出现了黍、粟等旱地作物。距今 4500 年前，水稻开始逐渐代替黍、粟，成为民众主要种植谷物。

① 赵萍．成渝双城经济圈视域下巴蜀饮食文化的价值审视［J］．现代食品，2022（10）：102—105.
② 杜莉．川菜文化概论［M］．成都：四川大学出版社，2003：2.
③ 杜莉．中国饮食文化［M］．北京：中国轻工业出版社，2020：8.

同时，新石器时代，民众开始饲养家畜家禽，猪、犬、牛、羊、马、鸡等是最早的禽畜。商周时期，随着农业技术的进步和社会生产力的发展，巴蜀地区物产不断丰富，食材不断增加。《华阳国志·蜀志》记载："（蜀国）其宝则有璧玉……桑、漆、麻、纻之饶……园囿瓜果，四节代熟，靡不有焉。"①《华阳国志·巴志》曰："土植五谷，牲具六畜。桑、蚕、麻、纻，鱼、盐、铜、铁、丹、漆、茶、蜜、灵龟、巨犀、山鸡、白雉，黄润、鲜粉，皆纳贡之。其果实之珍者：树有荔芰，蔓有辛蒟，园有芳蒻、香茗、给客橙、葵。其药物之异者有巴戟、天椒；竹木之璝者有桃支、灵寿。"② 由此可见，巴蜀地区饮食品种四季供应不断。

新石器时代晚期，随着制陶技术的发明，民众饮食器具主要为陶器，主要有鼎、釜、罐、杯、盘、碗、盒、豆、簋、壶等。到商周时期，出现了制作精美的青铜饮食器具，主要有：铜釜、甑、鼎、尊、罍、豆、盘等。这一时期，巴蜀民众的饮食口味表现为"以臭为美"。《吕氏春秋·本味》记载："臭恶犹美，皆有所以。"汉朝高诱注："臭恶犹美，若蜀人之作羊腊，以臭为美，各有所用也。"③ 臭主要来自自然菌发酵，这是巴蜀先民存储肉类的智慧结晶。

先秦时期，巴蜀地区诞生了丰富的茶酒文化。巴蜀地区是中国茶的发源地之一，早在武王伐纣时，巴蜀已用所产之茶，作为"纳贡"珍品。顾炎武在《日知录·茶》中记载："自秦人取蜀而后，始有茗饮之事。"④ 蜀人开饮食之先河。巴蜀地区酿酒历史比较悠久，在三星堆遗址中出土有大量陶制、青铜制酒器。同时，巴蜀地区酿酒品种多样。《华阳国志·蜀志》记载："九世有开明帝，始立宗庙，以酒曰醴。"⑤ 醴即带酒糟的酒。巴国地区开始酿制清酒，当时就有清酒名品"巴乡清"。《华阳国志》引《水经注·江水》记载："在此江之左岸有巴乡村，村人善酿，故俗称巴乡清，郡出名酒。"⑥

（二）初步发展期

汉晋时期是巴蜀饮食文化初步发展期。这一时期，巴蜀饮食原料进一步丰富，不仅出现了诸多蜀中特产食材，还集四方名品为巴蜀所用，提升了巴蜀饮食档次。西汉扬雄写有《蜀都赋》一文，该文列举了包括蔬菜、水果、五谷、禽畜鱼等各种食材达70余种，记录巴蜀名特食材有：川南菌芝、川西井盐、川北野兽以及"姜栀附子巨蒜，木艾

---

① （晋）常璩．华阳国志［M］．成都：成都时代出版社，2007：89.
② （晋）常璩．华阳国志［M］．成都：成都时代出版社，2007：6.
③ （汉）高诱．吕氏春秋·本味［M］．上海：上海书店，1995：141.
④ （清）顾炎武．日知录［M］．上海：上海古籍出版社，2006：448.
⑤ （晋）常璩．华阳国志［M］．成都：成都时代出版社，2007：94.
⑥ （晋）常璩．华阳国志［M］．成都：成都时代出版社，2007：11.

椒蓠，蒟酱酴清。”同时，《蜀都赋》还提到：“调夫五味，甘甜之和，芍药之羹，江东鲐鲍，陇西牛羊，籴米肥猪。”江东的海鲜、西北的牛羊已经进入巴蜀人的餐桌。

这一时期，巴蜀饮食器具不断发展。饮食器具种类进一步分化，炉具、炊具、盛器品种多样，牧马山东汉崖墓群中，除有陶器罐、釜、钵、碗、盒、耳杯等外，还有鼎、盂、釜、案、缸、谷、仓罐、灶、井、炉等。饮食器具材质更加多样，陶器、瓷器、漆器、青铜器等较前一时期有较大发展。同时，这一时期出现了铁质饮食器具，如铁鏊、铁釜、铁盘、铁碟等，铁质饮食器具的出现推动了烹饪方式的变革，炒的烹饪方式被创造出来。这一时期，巴蜀民众饮食口味呈现出喜好辛辣之味的特征。晋人常璩在《华阳国志·蜀志》中对蜀人饮食口味进行了经典的提炼：“尚滋味”“好辛香”。“尚滋味”主要指崇尚饮食味道，“好辛香”主要指喜好辛辣芳香之味。巴蜀人追求滋味，尤好辛香的饮食传统自此一直传承至今，生生不息。

汉晋时期，巴蜀茶酒文化不断发展。巴蜀制茶、饮茶逐渐普及。三国时期，张揖撰有《广雅》记载：“荆巴间采叶作饼，叶老者饼成，以米膏出之。欲煮茗饮，先炙令赤色、捣末，置瓷器中，以汤浇覆之，用葱、姜、橘子芼之。其饮醒酒，令人不眠。”文中记录了巴蜀茶饼的做法。同时，巴蜀地区茶叶贸易开始出现。西汉王褒在《僮约》里写有“烹茶尽具”“武阳买茶”，茶叶可作商品买卖。巴蜀茶叶品质较佳，为人传颂。西晋太原人孙楚写有“姜桂茶荈出巴蜀”的章句。川酒文化不断丰富，《蜀都赋》中的“蒟酱酴清”即川酒，当时称之为酴醾酒。同时，专门从事川酒制作、买卖的酒馆、酒舍不断发展，川酒成为民众日常不可或缺的饮品。《汉书·司马相如列传》记载：司马相如与卓文君“俱之临邛，尽卖车骑，买酒舍，乃令文君当垆，相如身自着犊鼻裈，与佣保杂作，涤器于市中。”[①] 文君当垆，相如涤器，形象地反映出这一时期成都酒舍的基本状况。

（三）蓬勃发展期

唐宋时期是巴蜀饮食文化的蓬勃发展时期。这一时期，成都平原经济十分发达，有“扬一益二”的说法。物资丰富，人口流动频繁，生活环境较为安定，这些因素推动了巴蜀饮食文化的蓬勃发展，民众日益追求安逸闲适的饮食生活，游宴、船宴应运而生，规模空前，闻名全国。唐宋时期，巴蜀优质特产食材不断涌现。新津的韭黄、峨眉山的木耳、广汉的干木耳、崇州的薏米、蜀中的樱桃、泸州的荔枝、雅鱼、墨头鱼、鲵鱼、鲟鱼等，品质优异，赢得了文人墨客的赞誉，留下了诸多脍炙人口的诗句。如杜甫在《将赴成都草堂途中有作先寄严郑公》言：“鱼知丙穴由来美。”宋祁在《益部方物略记》

① （汉）班固．汉书［M］．北京：中华书局，1962：2531．

中言："蜀人甚珍其味。"陆游在《思蜀》一诗中言："玉食峨嵋栮，金齑丙穴鱼。"丙穴鱼在当时作为珍美食物，可以做成鱼脍食用。此外，"新津韭黄天下无，色如鹅黄三尺余""唐安薏米白如玉，汉嘉栮脯美胜肉""日日思归饱蕨薇，春来荠美忽忘归""西蜀樱桃也自红，野人相赠满筠笼"等诗句均对巴蜀特产食材流露出赞美之词。珍美的食材加之日益丰富的烹饪方法，制作出了许多精巧味美的菜点，如槐叶冷淘、蒸猪头、魔芋菜肴、薏米饭、西川乳糖、狮子糖等。槐叶冷淘是用槐叶汁和面粉制成的凉面，杜甫在《槐叶冷淘》中写道："青青高槐叶，采掇付中厨。新面来近市，汁滓宛相俱。入鼎资过熟，加餐愁欲无。碧鲜俱照箸，香饭兼苞芦。经齿冷于雪，劝人投此珠。"① 此诗描述了槐叶冷淘的制作方式及其独特特征，令人垂涎。

这一时期，巴蜀休闲筵宴文化不断发展，民众采取各种方式举办饮食聚会，尤其是游宴和船宴享誉天下。唐朝，四川游宴开始普及，《太平广记》卷三十三载："韦弇，开元中，举进士下第，游蜀。时将春暮，胜景尚多，弇与其友寻花访卉，日为游宴。"② 每天都举办游宴，可见其已非常普及。船宴规模比较盛大，《太平广记》卷三百三"崔圆"条载："天宝末，崔圆在益州，暮春上巳，与宾客将校数十百人具舟楫游于江，都人纵观如堵。"③ 上百人在船中欢宴，岸边群众摩肩接踵，争相观看，与船人相附和，热闹非凡。到宋代，成都游宴"甲于西蜀"。"一年四季中几乎每个节日都有游宴，而高峰则是蚕市、药市、踏青节、浣花节；其设宴地点众多，或在郊外野地，或在江上，或于风景名胜处；参加人数众多，官吏倡导组织，百姓积极参与，常常是倾城出动，连周围各县之人也前来观赏参与。"④

唐宋时期，巴蜀茶酒文化不断传播，川茶、川酒种类丰富，名品众多，被文人雅士吟诵，留下了诸多赞美茶酒的诗词名句。蒙顶山是中国茶文化的发祥地，蒙山茶在唐代闻名全国。大诗人白居易写有："扬子江中水，蒙顶山上茶。"唐人李肇在《唐国史补》中记载："……茶之名品益众。剑南有蒙顶石花……号为第一。"《元和郡县志》记载："蒙山，在县南十里。每岁贡茶，为蜀之最。"早在唐玄宗天宝年间，蒙山茶就上贡朝廷，其后一直延续到清朝，1000 多年来作为贡茶的地位从未改变，在民间也赢得了"仙茶"的美誉。这一时期，四川流行饮酴醾酒，即用酴醾花酿制的酒，其中作为酴醾酒名品的郫筒酒很受文人欢迎。杜甫在《将赴成都草堂途中有作先寄严郑公》中提到"酒忆郫筒不用酤"，表达了对郫筒酒的赞美之情。宋代苏轼称赞郫筒酒，有诗言曰："所恨蜀山君未见，他年携手醉郫筒。"同时期，四川泸州产江阳酒，宜宾

---

① （清）曹寅．全唐诗［M］．上海：上海古籍出版社，1985：1401.

② （宋）李昉．太平广记［M］．北京：中华书局，1961：690.

③ （宋）李昉．太平广记［M］．北京：中华书局，1961：4459.

④ 杜莉．川菜文化概论［M］．成都：四川大学出版社，2003：22.

产重碧酒，绵竹产剑南之烧春与当今的泸州老窖、五粮液、剑南春等巴蜀名酒渊源很深，一脉相承。

（四）成熟定型期

明清时期，现代意义上的川菜基本成形，因此可将这一时期定为巴蜀饮食文化的成熟定型期。明末清初随着“湖广填四川”移民运动的实施，大量外地民众移居四川，他们带来了外地的饮食生产生活方式，与巴蜀本地民众的饮食生产生活方式融合交融，促进了巴蜀地区饮食文化的快速发展。这一时期，民众饮食取材更加广泛，不仅进一步挖掘利用本地特产食材如香猪、冬虫夏草、雪蛆、川芎、珍珠菜、黄鸭、猪膘等，还积极开发利用外来食材制作菜肴。如清末《成都通览》记载当时成都菜肴制作已用鱼翅、鲍鱼、鱼肚、鱿鱼、鱼唇、蛏干等海产品，其中记载了海参类菜品达 17 种之多。辣椒在明朝初年传入中国；清代，四川开始大量种植辣椒，并将其取代食茱萸作为重要的辛香调味料。其他美洲原产食材如红薯、马铃薯、番茄、玉米等也被广泛入馔。这一时期，巴蜀烹饪方式更加多样。据《成都通览》记载，此时烹饪方式包括三大类，即烘、熏、烤等直接用火制熟食的方法，炒、爆、炸、炖、焖、煮等利用油或水为介质传热制熟的方法以及糟、醉、泡等化学反应制熟食物的方法。据不完全统计，川菜常用烹饪方法达 20 余种。

与此同时，川菜调味更趋精妙多变。川菜重要调味料如郫县豆瓣、保宁醋、潼川豆豉等均于明末清初年间，由外省人入川创制。加之花椒、辣椒、胡椒、陈皮、藿香、八角、山柰、草果、香油等其他调味料的混合使用，产生了丰富多样的复合味型，如椒麻、麻辣、酸辣、煳辣、五香、酱香等。这一时期四川菜点种类繁多，形成了结构完整的风味体系。“这个结构体系由筵席菜、三蒸九扣菜、大众便餐菜、家常菜、风味小吃五大类组成，各类均有不同的特色和品种。”①

明清时期，巴蜀茶酒文化进一步发展。川茶种类丰富，名品众多。绿茶中的名品当属蒙山茶和青城茶。蒙山茶作为贡茶，被清朝皇室作为国礼赠送给外国使者。青城茶产于四川青城山，明代杨升庵写有《和章水部沙坪茶歌》一诗，对青城茶的生长环境、茶品及历史进行了记述。四川花茶在这一时期比较有名，清朝，四川大才子李调元写有《茉莉》一诗曰：“田田茉莉种山家，蝶乱蜂狂十里斜；怪道花奴多醉色，嘉州米价不如花。”此诗称赞了乐山花茶种植及销售的盛况。同时，四川砖茶贸易不断扩大，茶马互市规模空前。统治者制定了“茶马法”，用四川砖茶与藏族马匹进行交易，有力促进了民族交往交流，维护了边疆地区稳定。“明代前期在陕西的茶马贸易中，四川的边茶就

① 杜莉.川菜文化概论［M］.成都：四川大学出版社，2003：31.

占了茶叶总额的98%以上。至清代时，四川边茶从种茶、采茶、制茶、包装茶、运茶这一由生产到贸易的各个环节，从业人数已不下数十万。”[①] 这一时期，川酒名品如泸州老窖、五粮液、剑南春、郎酒、全兴大曲等已基本定型并趋于成熟。泸州老窖现存最古老的酿酒池即明代1573年所建窖池群，距今已有400多年历史。五粮液的前身就是明代宜宾“温德丰”“长发升”等糟坊采用五种粮食酿制的杂粮酒，清末举人杨惠泉将其命名为“五粮液”。清代康熙年间，陕西人朱煜在绵竹建酿酒作坊，生产绵竹大曲，其间不断传承，发展成为当今的剑南春酒。此外，关于郎酒、全兴大曲酒的酿酒历史，有直接联系的均可追溯到清代——当地酿酒作坊的建立。由此可见，明清时期，川酒品牌纷纷建立，并逐步发展壮大。

（五）繁荣创新期

中华人民共和国成立后尤其是改革开放以来，是巴蜀饮食文化的繁荣创新期。这一时期，随着经济社会的发展，巴蜀地区民众的饮食生活水平不断提高。食材品种不断丰富，五谷杂粮、禽畜河鲜、蔬菜水果、山肴野蔌，应有尽有，蔚为大观。诸多食材已成为国家地理标志产品，受到法律保护。截至2022年，四川省“三品一标”农产品累计已达6500个。它们为推进乡村振兴、改善民众饮食生活提供重要的食材保障。同时，川菜烹饪技法更加多样，积极吸收借鉴外来烹饪技艺为己所用，提升川菜烹饪技艺，如煲法、串烤法、脆浆炸法、铁板烧法、复合调味汁法以及茄汁味调制方法等。《川菜烹饪事典》收录的烹饪方法达56种之多，其中，川菜最具特色的烹饪方法是小炒、干煸、干烧、家常烧等。这一时期，川菜味型更加多变，赢得了“一菜一格，百菜百味”的美誉。多变的味型不仅与巴蜀本土丰富的调味品紧密相连，自贡井盐、内江白糖、保宁醋、中坝酱油、永川豆豉、郫县豆瓣、汉源花椒、成都二荆条辣椒等调味品远近闻名，而且与厨师创造性的调味技艺息息相关。据统计，川菜这一时期复合味型达24种，主要分为醇浓味厚和清鲜味真两大类，形成了清鲜醇浓并重、善用麻辣的调味风格。这一时期，川菜菜点更为多样化、个性化和潮流化。据不完全统计，川菜现有菜点达6000多种，其中名菜名品有上百种，《中国川菜》收录名菜点180种，《四川省志：川菜志》收录名菜点125种，它们有力丰富、提升了川菜文化的内涵。同时，筵宴不断走向繁荣，现代筵席格局形成，包括冷菜、热菜、小吃点心、果品饮料等。筵宴形式不断创新，小吃席、火锅席、冷餐酒会、鸡尾酒会等纷纷举办。

这一时期，巴蜀茶酒文化不断走向繁荣，川茶种植面积、产值不断扩大，川酒品牌

① 熊四智，杜莉．举箸醉杯思吾蜀：巴蜀饮食文化纵横［M］．成都：四川人民出版社，2001：60.

效应持续提升。据统计，近年来巴蜀地区茶园面积700多万亩，毛茶年产量近40万吨，毛茶产值达350亿元。同时，巴蜀地区茶叶品牌建设不断发展，已培育出峨眉山茶、蒙顶山茶、米仓山茶、宜宾早茶、川红工夫茶等地方区域公用品牌以及竹叶青、天府龙芽、蒙顶山茶、峨眉雪芽、巴山雀舌、文君嫩绿、乐山峨蕊、宝顶雪芽、川红工夫茶、雅安藏茶、邛崃黑茶、重庆沱茶等诸多茶叶名品。巴蜀茶文化不断丰富，茶类非物质文化遗产得到保护传承，茶文化旅游不断开发。川酒产业不断壮大，近年来，川酒产值近3500亿元，川酒年产量达40多亿升，占全国白酒产量的一半以上，川酒企业近3.5万家，位居全国第一。川酒品牌驰名全国。在1984年第四届全国评酒会上，五粮液、泸州老窖、剑南春、郎酒、全兴大曲等被评为国家名酒（金质奖），川酒五朵金花之名由此诞生。2019年川酒评酒会上，评出了玉蝉酒、三溪酒、仙潭酒、文君酒、丰谷酒、古川酒、小角楼、江口醇、金雁酒、叙府酒等川酒十朵小金花，川酒品牌集群效应不断凸显。同时，各地通过挖掘保护川酒非遗项目、建立川酒文化博物馆、举办川酒文化节和会展活动、发展川酒文化旅游等方式，加快川酒文化保护，不断推动其创造性转化和创新性发展。

第二节
巴蜀饮食文化融入川渝地区食育的必要性和可行性

一、巴蜀饮食文化融入川渝地区食育的必要性

（一）有利于深化川渝地区食育内涵，凝练特色

川渝地区食育既具有中国食育的一般特征，又有其本身的特色，而其特色主要体现在巴蜀饮食文化。巴蜀饮食文化历史悠久、源远流长、博大精深，是川渝地区民众千百年来在饮食生产消费实践过程中所创造、享用并传承至今的宝贵财富。巴蜀饮食文化蕴含着丰富而独特的饮食思想、饮食观念、饮食礼仪与习俗、饮食营养、饮食生产与加工技艺等内容，是川渝地区食育发展的深厚积淀，也是川渝地区食育的重要内容和主要抓手。系统深入挖掘、保护、传承巴蜀饮食文化，推动巴蜀饮食文化与食育深度融合，能够使川渝地区食育立足巴蜀大地，突出川渝地区食育特色，赋予川渝地区食育深厚的文化内涵。

（二）有利于更好地传承弘扬巴蜀饮食文化

传承弘扬中华优秀传统文化是当前全社会的重要责任，巴蜀饮食文化作为中华优秀传统文化的重要组成部分，理应进一步加大保护传承力度。做好川渝地区食育工作，推动巴蜀饮食文化与川渝地区食育有机融合是弘扬巴蜀饮食文化的重要方式和手段。川渝地区食育实践活动丰富多彩，既包括巴蜀食材种植养殖、川菜烹饪制作活动，也包括巴蜀礼仪习俗传承活动、良好饮食行为习惯养成活动，还有巴蜀食品安全和营养健康科普宣传活动等。通过食育，川渝地区民众能够了解巴蜀饮食思想，秉承巴蜀饮食观念，传承巴蜀饮食礼仪与习俗，掌握巴蜀食材基本的种植养殖技术和川菜烹饪技艺，学习巴蜀传统饮食养生科学，从而掌握食育基本知识，提高饮食健康水平，更好地传承弘扬巴蜀饮食文化。食育的开展能够充分发挥巴蜀饮食文化的当代价值，推动巴蜀饮食文化创造性转化和创新性发展。

二、巴蜀饮食文化融入川渝地区食育的可行性

（一）巴蜀饮食文化中蕴含着丰富的食育内容

巴蜀饮食文化内涵深厚，源远流长，其中蕴含着丰富的食育内容。巴蜀饮食文化中饮食思想深邃，巴蜀民众在长期的饮食实践活动中创造的思想观念体系如天人合一、因时调适、因地制宜等成为川渝地区食育中的重要饮食思想。巴蜀饮食礼仪与习俗多姿多彩，尊敬长者、热情待客、先干为敬、礼尚往来等饮食礼仪以及日常食俗、社交食俗、节日食俗、人生礼仪食俗等是川渝地区食育的重要内容之一。巴蜀饮食文化中的廉俭、融合、创新、精美等饮食观念规范着民众的饮食行为，引导民众养成良好的饮食习惯，传承着中华民族传统美德，是川渝地区食育饮食观念的重要体现。巴蜀饮食文化中的食治养生、五味调和、辨证施食等传统养生思想，也是川渝地区食育饮食营养的重要内容。巴蜀食材种植养殖技艺、川菜烹饪技艺等内容是川渝地区食育饮食生产与加工技艺的特色和精华，寄托着巴蜀民众浓浓的乡愁，是联系巴蜀民众情感的桥梁和纽带。巴蜀饮食文化犹如一座无尽的宝矿，散发着无穷的魅力，需要川渝地区食育工作者努力挖掘、弘扬。

（二）巴蜀饮食文化由民众创造和沿袭，奠定川渝地区食育的重要基础

巴蜀饮食文化是民众创造并沿袭至今的文化，具有地域性、普遍性、传承性的特征。川渝地区民众遵循节气时令，按照千百年来积累总结的生产方式进行食材种植养殖，提供了丰富优质的饮食原料；人们每天制作川菜、食用川菜、提升川菜烹饪技艺，

川菜成为川渝地区民众的日常饮食生活方式，也是中国最具地方特色的饮食风味流派。同时，巴蜀饮食思想、饮食礼仪与习俗、饮食观念等深深扎根于民众的意识形态、观念之中，无意识、自觉地影响着人们的饮食行为，潜移默化地约束规范着人们的饮食习惯。饮食文化是巴蜀文化中最为常见、影响最为广泛、时间最为持久的文化之一，民众对巴蜀饮食文化最为熟悉，巴蜀饮食文化一直以来都在或多或少影响着川渝地区的食育，将巴蜀饮食文化融入川渝地区食育，能够为川渝地区食育深入开展奠定扎实的基础，推动川渝地区食育的顺利开展。

第三节
巴蜀饮食文化中与食育相关的内容

巴蜀饮食文化与食育关系十分密切，其中蕴含了丰富的饮食思想、饮食观念、饮食礼仪与习俗、饮食养生以及饮食生产与加工技艺等食育内容，是川渝地区食育的重要载体。挖掘研究巴蜀饮食文化中蕴含的食育内容，能够深化川渝地区食育的内涵，凝练川渝地区食育的特色，加快川渝地区食育发展，同时，也有利于增强巴蜀饮食文化的育人功能，进一步传承弘扬巴蜀饮食文化。

一、巴蜀饮食思想

巴蜀饮食思想是巴蜀民众在长期的饮食实践过程中形成的观念体系。巴蜀饮食思想形成深受中国自然科学、社会科学和哲学的影响，因此与中国烹饪科学思想一致。中国烹饪科学思想的核心即天人相应。天人相应是指人是自然界的一部分，人的生存离不开自然，人应该顺应自然，与自然相协调统一。天人相应的观念最早来自道家，老子在《道德经》有言："人法地，地法天，天法道，道法自然。"[①]人的生存要与自然相适应，而与人的生存紧密相关的饮食也必须顺应自然环境，根据不同的地域、气候、时节来选择搭配食物，有规律性、适度饮食，从而做到因时调适、因地制宜、饮食有节。

① 老子.道德经［M］.上海：上海书店，1986：14.

（一）因时调适

因时调适是巴蜀重要的饮食思想。它主要指人的饮食要与季节变换相适应，根据季节特征选择不同的食材及饮食方式。因时调适的思想由来已久，《礼记·内则》言："凡和，春多酸，夏多苦，秋多辛，冬多咸。"忽思慧在《饮膳正要》中记载："春气温，宜食麦，以凉之，不可一于温也""夏气热，宜食菽，以寒之，不可一于热也""秋气燥，宜食麻，以润其燥""冬气寒，宜食黍，以热性治其寒"[①]。不同季节，气候变化较大，宜食用季节性食物，从而做到寒凉温热相搭配，达到健康养生的目的。

巴蜀地区四季分明，总体呈现出春干、夏热、秋雨、冬阴冷的气候特征，巴蜀民众非常善于根据季节气候特征选择搭配食物，做到因时调适。春季巴蜀地区天气干燥，阳气生发，容易出现肝气旺的情况，民众喜食当令蔬菜，如豌豆尖、油菜尖、香椿芽、韭黄等，做成炝豌豆尖、炒油菜尖、椿芽烘蛋等清淡美食，从而达到养肝清热、助阳气生发的目的。夏季巴蜀地区比较闷热潮湿，暑气比较重，民众容易心烦气躁，引发中暑。这一季节，巴蜀大街小巷冷淡杯比比皆是。冷淡杯主要是煮毛豆角、煮花生、炒田螺、炒小龙虾以及卤猪头肉、卤牛肉等下酒菜，这些菜肴清热利湿、安心养神、健脾益气，非常适合炎热季节食用。秋季巴蜀地区阴雨绵绵，湿度较大，饮食上应注重除湿。这一时期，川菜中的酸辣味型最为适宜，民众经常食用泡菜、泡辣椒以及鱼香味型的菜肴。冬季巴蜀地区阴冷少阳，湿气较重，民众往往食用火锅、牛羊肉等温热性食物，以达到温补阳气、健脾益胃、滋养气血的目的。冬至节气来临，巴蜀民众都要吃羊肉、喝羊汤，大快朵颐，热气腾腾，成为当地重要的节日习俗，羊肉的温热驱除了冬日的寒凉，增补了阳气。

（二）因地制宜

俗话说："一方水土养一方人。"由于各地地理环境差异较大，民众饮食习惯具有鲜明的地域特征。因地制宜主要指人的饮食要与当地地理环境相适应，从而实现饮食健康。《黄帝内经·素问》记载："东方之域，天地之所始生也。鱼盐之地，海滨傍水。其民食鱼而嗜咸，皆安其处，美其食。""西方者，金玉之域，沙石之处，天地之所收引也。""其民华食而脂肥。""北方者，天地所闭藏之域也。其地高陵居，风寒冰冽。其民乐野处而乳食。""中央者，其地平以湿，天地所以生万物也众。其民食杂而不劳。"[②]西

① 忽思慧．饮膳正要［M］．北京：人民卫生出版社，1986：7.

② 王冰．黄帝内经素问［M］．四部丛刊景明翻北宋本．上海：商务印书馆，1955：356.

晋张华在《博物志》中记载："东南之人食水产，西北之人食陆畜。食水产者，龟蛤螺蚌以为珍味，不觉其腥臊也。食陆畜者，狸兔鼠雀以为珍味，不觉其膻也。"[①]上述古籍均指出了不同地域民众的饮食差异较大，各地均有独特的饮食偏好。

巴蜀地区偏中国西南一隅，群山环绕，江河纵横，地形地貌多样，气候复杂多变。此地阴雨多，湿气重，少风少阳，全年日照时间仅为1000—1400小时，而降雨量达到1200毫米。生活在此地的民众容易患风湿性疾病，为了温中除湿，散寒祛风，巴蜀民众大量使用花椒、辣椒等辛香类调味料。花椒，巴蜀自古出产，汉源花椒、茂汶花椒为其名品，青花椒为其独特品种。花椒能够"温中散寒，除湿，止痛，杀虫"[②]。《本草纲目》中记载花椒："散寒除湿，解郁结，消宿食，通三焦，温脾胃。"[③]辣椒，明代中期从海外传入四川后，逐渐取代食茱萸成为民众食用的重要辛辣调料。《药性考》中记载辣椒："温中散寒，除风发汗，去冷癖，行痰逐湿。"花椒、辣椒是巴蜀民众饮食适应地理环境的必然选择，善用麻辣成为川菜最为鲜明的特征。同时，巴蜀地区间地理环境差异也较大，川东和重庆地区多为山地，雾气重，湿度更大，本地区民众饮食口味更为浓烈，菜肴味型更为厚重，辣椒、花椒食用量更大。成都地区，平原广袤，雾气相对较少，气候温和，民众饮食口味更为柔和，清鲜菜肴比例更高，辣椒、花椒食用量相对较少。

（三）饮食有节

饮食有节主要指民众日常饮食生活要有所节制，遵循自然规律，养成良好的饮食习惯，切忌暴饮暴食，切忌饮食过度。中国人非常注重饮食有节，《黄帝内经》中提到："饮食有节……而尽终其天年，度百岁乃去。"[④]《脾胃论》中记载："饮食失节，寒温不适，脾胃乃伤。"告诫民众饮食要注意寒凉温热，否则会伤及脾胃[⑤]。孔子非常注重饮食有节，强调饮食要有矩，不可随意而为。其在《论语》中提出了"十不食"，即："食饐而餲，鱼馁而肉败，不食。色恶，不食。臭恶，不食。失饪，不食。不时，不食。割不正，不食。不得其酱，不食。肉虽多，不使胜食气。唯酒无量，不及乱。沽酒市脯不食。不撤姜食，不多食。祭于公，不宿肉。祭肉不出三日，出三日，不食之矣。"[⑥]巴蜀民众饮食非常注重饮食有节。在食材使用上，川菜基本选用本地出产的季节性常用食材，不过分追求新奇、价格昂贵的食材。在饮食品制作上，做到物尽其用，

① 张华．博物志［M］．北京：中华书局，1970：13.

② 江苏新医学院．中药大辞典［M］．上海：上海科学技术出版社，1986：1058.

③ 李时珍．本草纲目［M］．北京：中国书店，1988：31.

④ 王冰．黄帝内经［M］．北京：中医古籍出版社，2003：217.

⑤ 高建忠．脾胃论［M］．北京：人民卫生出版社，2020：47.

⑥ 杨伯峻．论语译注［M］．北京：中华书局，2006：118.

珍惜食材，绝不浪费。在饮食生活方式上，巴蜀民众一日三餐，按时进食，避免暴饮暴食。同时，注重饮与食结合，川菜与川茶巧妙搭配，在进餐之后，民众喜欢走进茶馆，泡一壶川茶，在茶香氤氲中，远离世俗生活喧嚣，享受闲暇时光，感受天人合一的意境。

二、巴蜀饮食观念

巴蜀饮食观念是指巴蜀民众经过长期的饮食实践过程，总结提炼形成的饮食价值取向。巴蜀饮食观念是民众饮食心理、饮食思维的反映，是巴蜀饮食文化的结晶，直接指导和影响着人们的饮食行为。在数千年的川菜形成发展过程中，巴蜀饮食观念不断凝练、传承，主要可概括为廉俭、融合、本真、创新、精美等五大价值观念。这些价值观念是中华民族精神的体现，有力指导着巴蜀民众饮食生活，推动着川菜文化不断走向繁荣。加强巴蜀饮食观念教育，能够弘扬中华传统美德，培养民众健康的饮食生活方式，践行社会主义核心价值观，不断传承中华优秀传统文化。

（一）廉俭

廉洁节俭是巴蜀民众传统观念习俗。在巴蜀地方志中常见民风廉俭的记载。如《双流县志》："民俗俭朴。"《高县志》："其俗朴俭。"《丰都县志》："服食俭约。"《长寿县志》："人尚勤俭。"在流传至今的巴蜀谚语中，也可窥见民俗俭朴的特征。如"一天吃餐粥，一年省石谷""好看不过素打扮，好吃不过茶泡饭""省吃俭用，一世无穷""粗茶淡饭能养人，破衣破裤能遮寒"等。巴蜀民众饮食生活的廉俭主要表现在就地取材、一物多用、物尽其用等方面。民众主要食用自家种植的食材，烹饪本地时令性原料，不过度追求成本昂贵的食物。如四川泡菜，其制作原料非常普通常见，均来自四川田间地头。春天选用莴笋、胡萝卜、竹笋、青菜等，夏季选用四季豆、苦瓜、青椒、蒜薹等，秋季选用茄子、南瓜、冬瓜、莲藕等，冬季选用萝卜、油菜、白菜、生姜等。一碟泡菜，平淡自然，朴实无华，却成为川人最无法释怀的家乡味道。一物多用主要指民众能够化平凡为神奇，将一种食材烹制出多样风味不同的菜肴。一块猪皮就可制成十来种菜，一对猪蹄竟可成二十余种菜。黄豆可成无土栽培的黄豆芽，可制成豆浆、豆腐、豆腐皮、千张、腐竹、豆棍、豆筋、豆花、豆腐脑、豆腐粉、水豆豉、豆油、豆酱、酱油等一系列品种[①]。物尽其用主要表现在食材使用绝不浪费，即使是边料、角料也可制成食物，充分发挥食材的食用价值。如锅巴、米糠、米泔、豆渣、瓜皮、油渣、鱼脆等，在

① 熊四智，杜莉．举箸醉杯思吾蜀：巴蜀饮食文化纵横［M］．成都：四川人民出版社，2001：12.

巴蜀地区也可制成菜肴。锅巴肉片主要用焖米饭留在锅底焦黄的米块加猪里脊肉烹制而成，食之酥脆滑嫩，香味浓郁，成为川菜传统名菜。豆渣是研磨豆浆时产生的剩料，川人没有扔掉，而是用其创制出一道名菜：豆渣拱猪头，成品肉质软糯，豆渣酥爽，味道浓郁鲜香。即使在物质发达的今天，巴蜀饮食廉俭的价值观念仍然盛行，必将代代传承下去。

（二）融合

四川是移民大省，历史上重大的移民运动达8次之多。不同地区的民众进入四川，与本地人生活在一起，大家相互交融，形成了融合的文化风格，养成了不排外、会变通、促和谐的性格特征。融合文化在川菜中表现得尤为明显。川菜积极利用外来食材，吸收借鉴中外烹饪技法，引进各地菜肴为己所用等，兼收并蓄，融合成为民众重要的饮食价值观念。从食材融合来讲，汉朝张骞出使西域，引进外来物种如黄瓜、芝麻、核桃、胡椒、蚕豆、芫荽、胡萝卜等，在四川广泛种植，成为常见食材。明清以来，美洲作物引进中国，迅速在四川传播，如辣椒进入四川后，民众积极用其调味，取代了食茱萸，成为川菜辛香味型最重要的调味料之一。又如，四川为内陆省份，不出产海鲜，但民众购进海鲜食材，创制出了诸多知名海鲜肴馔。从烹饪技法融合来讲，川菜积极吸收借鉴中外各种烹饪技法，丰富川菜烹饪方式，提升川菜烹饪技术水平。如借鉴日本铁板烧技法，创制出了铁板鱿鱼、铁板腰花等菜品；借鉴广东煲法，创制出了乌鸡煲、兔肉煲等；借鉴西北地区串烤法，创制出了烤鱿鱼串、烤兔肉串等；借鉴山东地区的脆浆炸法，创制出了脆皮琵琶、香柠脆皮鸡等；借鉴西方复合调味汁的调味方法，创制出了众多新型的复合调味料。从菜品融合来讲，川菜非常善于引进外来菜品，加以融合改良，开发成适应本地人口味的饮食品种。如川菜名品蒜泥白肉来源于东北满族地区的跳神肉，开门红来源于湘菜剁椒鱼头，八宝锅珍来源于西北民族地区锅珍，炒野鸡红来源于道家菜野鸡红，其他菜肴如茗菜狮子头与扬州狮子头、樟茶鸭子与清宫漳茶鸭子、宫保鸡丁与山东宫保鸡丁、熘黄菜与北方摊黄菜等渊源很深。

（三）本真

本真是巴蜀饮食重要的价值观念，是民众千百年来形成的诚实守信、抱朴守真的文化精神的表达体现。本真的价值观念体现在巴蜀饮食食材选择、饮食制作及饮食品牌建设等多个方面。从食材选用来看，川菜制作坚持使用货真价实的原料，以食品安全为首要原则，杜绝使用假冒伪劣、以次充好的食材。从饮食制作来看，川菜烹饪技艺精妙绝伦，精益求精，坚守工匠精神。千百年来，民众创造并一直传承着川菜烹饪技艺，使川菜保持原汁原味，品质不降低，清鲜醇浓并重、善用麻辣的川菜风味特征永不褪色。今天，民众愈发重视川菜烹饪技艺保护传承，川菜制作技艺已成为国家级非遗项目，四川饮食类非遗项目已纳入国家、省、市、县四级保护名录，总数达680项，其中国家级非遗项目有22项，省级非遗项目有217项[①]。四川饮食类非遗得以更好地保护传承正是民众坚持守正、不忘本真的饮食价值观念的例证。从饮食品牌打造来看，巴蜀民众注重饮食品牌建设，努力挖掘提炼饮食品牌内涵，创造精品、名牌，使品牌成为巴蜀饮食文化对外传播的金字招牌。巴蜀各地商务及旅游主管部门，积极开展名菜、名师、名店评选活动，现已评出天府名菜100道、天府旅游美食100道、天府名厨100名、天府名店106家等，同时，川菜企业也积极参与饮食品牌评选评价，众多川菜品牌获得了“米其林餐厅”“金梧桐餐厅”及“中国餐饮百强企业”等称号。这些品牌建设的举措，很好地诠释了巴蜀饮食本真的价值观念，有力塑造了饮食品牌，加强了川菜文化的传播。

（四）创新

创新是巴蜀文化精神的重要表现。巴蜀虽然偏西南一隅，但民众并不保守封闭，而是不拘一格，勇于开拓，大胆创新，创造了辉煌灿烂的巴蜀文化，薪火相传。创新也是巴蜀饮食重要的价值观念，是川菜文化的精髓。巴蜀民众对美味孜孜追求，对美食变化创新，造就了风味独特的川菜，赢得了“食在中国，味在四川”的美誉。对味的创新是川菜创新的重要体现。巴蜀自古就有“尚滋味，好辛香”的传统，善于利用新调料，创造新味型。如，辣椒传入巴蜀后，民众积极将其用为辛香调味料，并不断创新辣椒使用方式，创制出干辣椒、辣椒粉、辣椒节、辣椒粗末、辣椒油、泡辣椒、辣椒酱等多种辣椒形态，并将辣椒与其他调味料相结合，创制出了麻辣、香辣、煳辣、酸辣、红油、鱼香等多种辛辣复合味型。同时，巴蜀民众在酸、甜、苦、辣、咸五味的基础上，创造变化出奇妙的24种复合味型，形成了清鲜醇浓并重，善用麻辣的风味特征。创新在川菜菜点制作上表现尤为明显。民众努力变换菜点烹制方式，大胆创制新的菜点，不断满足求新求异求特的饮食心理。火锅作为川菜最具特色的品类，也由传统的麻辣火锅创新出众多衍生产品，如串串香、冒菜、干锅、冷锅、单人小火锅、自热小火锅等。在筵宴方面，巴蜀饮食也善于推陈出新。在保持请春酒、坝坝宴等传统名宴的基础上，善于紧随时代潮流的变化，不断丰富筵宴的内容，创新筵宴的形式，深化筵宴的文化内涵，创制出了更多特色筵宴，如柠檬宴、东坡宴、大千宴、剑门关豆腐鱼宴、全竹宴等，其均入选中国名宴。

---

① 杜莉，张茜，郑伟.四川饮食文化遗产与川菜非遗传承人[M].成都：四川科学技术出版社，2023：93.

（五）精美

精美是巴蜀民众饮食重要的观念和审美追求，它体现了民众对家乡的热爱，展示了精益求精的工匠精神，表达了对美好饮食生活的追求。精美价值观念表现在巴蜀饮食的方方面面，尤其在食材选择、美食命名、美食制作、美食装盘等方面尤为突出。在食材选择上，巴蜀民众善于培育、选择品质佳美的食物原料。这些食物原料品种多、产量高、特色突出，现已成为三品一标农产品，如黄甲麻羊、成华猪、乐至黑山羊、开江麻鸭、通江银耳、成都二荆条辣椒、汉源花椒、渠县黄花等，它们为制作名品名菜奠定了坚实的原料基础。在美食命名上，川菜除直接用原料、烹饪方法、形状、颜色、质地来命名菜肴外，还注重用写意的手法，增加菜肴名称的意境美，表达民众美好的饮食心理。如川菜名菜“开门红”，寄托了民众事业顺旺的美好愿望；“珠联璧合”“推纱望月”等菜肴名称，营造了一种诗情画意的美好意境；“太白鸡”“东坡肉”“麻婆豆腐”等菜肴名称蕴含了深厚的文化，引发民众美好联想。精美奇特的菜肴名称是川菜之美的重要表现，展示了川菜文化的无穷魅力。在菜点制作上，巴蜀民众创制出了精妙多变的烹饪方法，产出了数量庞大的精致美食。就烹饪方法而言，《川菜烹饪事典》记录川菜烹制方法达 56 种之多，且分类非常细致，如烧法，就有红烧、白烧、葱烧、酱烧、家常烧、生烧、熟烧、干烧等，川菜烹制方式之精妙，令人叹服。同时，菜点制作美妙还体现在独具匠心，化平凡食材为珍美食物。如红苕是川菜常见食材，但民众运用多种制作方式，创制出了经典传统的红苕菜品。如灯影苕片、原笼玉簪、松花苕蛋、红烧鸡腿、红苕粑、香酥苕片等。在美食装盘上，巴蜀民众善于运用多种手法进行菜点装饰，以营造出自然、和谐、美好的美食呈现。例如：通过盘饰，美化菜肴的造型；利用食品雕刻，创造出栩栩如生的美好图案装点菜肴；还通过面塑、糖艺、冰雕以及西餐装饰手法来增加菜肴的美感，满足民众饮食审美想象。精美的价值观念作用于川菜精湛的制作技艺，必将为川菜产业高质量发展提供强劲动力。

三、巴蜀饮食礼仪与习俗

巴蜀饮食礼仪与习俗是指巴蜀民众从古至今在饮食品的生产和消费过程中所创造、享用和传承的行为准则和风俗习尚。它具有民族性、传承性、社会性、地域性等特征，深受民众饮食思维、心理及价值观的影响。巴蜀饮食礼仪与习俗历史悠久，种类多样，内容丰富，文化内涵深厚，特色鲜明。其背后蕴含着中华优秀传统文化如家国情怀、长幼有序、尊重长者、邻里和睦、团结互助、家庭团圆、祈求美好、缅怀祖先、敬畏自然等。加强巴蜀饮食礼仪与习俗教育，能够增强民众民族文化认同感，凝练民众家乡情结，进一步激发爱国之情，从而不断树立文化自信，践行社会主义核心价值观，传承弘扬中华优秀传统文化。巴蜀饮食礼仪与习俗蔚为大观，本研究主要从日常食俗、社交食俗、节日食俗以及人生礼仪食俗等方面作简要介绍。

（一）日常食俗

日常食俗，是指广大民众在平时的饮食生活中形成的行为传承和风尚，基本上表现为一个国家、民族或地区的主要饮食品种、饮食制度以及进餐工具与方式等方面[①]。巴蜀民众食物结构和中国汉族传统食物结构相一致，以植物性食料为主，动物性食料为辅。菜肴为川菜风味流派，善于调味，形成了清鲜醇浓并重，善用麻辣的味型风格。常见菜肴有宫保鸡丁、夫妻肺片、鱼香肉丝、麻婆豆腐、回锅肉、干煸四季豆、酸菜鱼等。日常主食以大米为主，面点小吃主要为用大米做成的各种米制品，如赖汤圆、叶儿粑、糍粑、三大炮、蛋烘糕、米粉、凉粉等。巴蜀地区特色美食之一为火锅，最早为起源于重庆码头的毛肚火锅，如今创新出诸多火锅新品种，如鸳鸯火锅、菌汤火锅、酸菜鱼火锅、啤酒火锅、海鲜火锅、羊肉汤锅等。巴蜀地区茶酒文化源远流长，川茶种植面积广泛，产量大，主要盛产绿茶、红茶、黑茶和花茶，著名川茶品种有蒙顶甘露、竹叶青、沱茶、峨眉雪芽、巴山雀舌、叙府龙芽、川红工夫茶等。茶馆文化是巴蜀日常食俗的重要表现，民众喜欢三五成群坐在茶馆内，泡一杯茶，聊天打牌，享受安逸闲适的时光。川酒以白酒最为著名，四川为白酒生产大省，白酒品牌优势突出，五粮液、泸州老窖、剑南春、郎酒、水井坊等为高端白酒品牌，同时，民众日常喜饮泡酒，主要用梅子、桑葚、枸杞子等泡制而成，佐餐小酌，养生惬意。

巴蜀民众日常饮食方式为一日三餐，大家围桌合餐，团圆氛围浓厚。早餐一般从上午七八点钟开始，食物比较简单，以特色面点小吃为主，如担担面、抄手、米粉、豆腐脑、锅盔、馒头、包子、烧卖等。午餐一般在中午十二点左右，主要以快餐为主，由川菜菜肴加米饭搭配食用。晚餐一般从下午六点开始，民众比较重视，主要以正餐或火锅为主，花费时间较长。巴蜀民众进餐工具主要有筷、匙、碗、盘、碟、盅等。最常用的进餐工具是筷子。同时，筷子也用于饮食制作，在做热气腾腾的冒菜时，需用长竹筷进行翻搅夹取，取食四川泡菜时，也需要用长竹筷，这成为巴蜀筷子文化的一个特色。

---

① 杜莉．中国饮食文化［M］．北京：中国轻工业出版社，2020：147.

（二）社交食俗

社交食俗是指民众在社交饮食过程中所形成的行为传承和风尚，俗称餐桌礼仪。“夫礼之初，始诸饮食”，中国人非常讲究餐桌礼仪，座次安排、菜单设计、敬酒顺序、取食方式等有一整套礼仪规范，形成了特定的礼数，成为中国传统文化的重要组成部分。巴蜀社交食俗与中国传统餐桌礼仪基本一致，讲究长幼有序，尊敬长者。在餐桌安排上，面门为上，正对门口的座位为上座；右高左低，一般以主人右手边的座位为上座。敬酒时讲究主客互敬。首先主人依次敬酒，之后客人回敬酒，敬酒碰杯时，为表示对对方的尊敬，自己的酒杯要略低一点。作为主人接待客人时，首先要沏好茶，斟茶时，茶水不可过满，以七分满为宜。上茶时，年长者为先，再依次进行。作为客人赴宴时，要衣着端庄得体，准时赴宴。按筵宴规定，找准自己的位置对号入座。用餐结束，主人离席后方可离席，应主动向主人告别并表示感谢。

用筷礼仪是巴蜀社交食俗的重要内容之一。巴蜀地区宴请用筷非常讲究。席桌上，主人先动筷子，客人方可动筷。筷子应夹取离自己最近的菜肴，不宜站起来夹菜。切忌拿筷子指向他人，用筷子敲打盘碗，用筷子翻菜、挑菜，将筷子插入饭碗当中等。同时，在四川红白喜事中，形成了诸多约定俗成的用筷习俗。在婚宴中多使用染红的筷子或缠有红丝线的楠竹筷。在新生儿诞生礼俗中，外婆家往往赠送一双红筷子、一个碗，寓意小孩今后吃饭不愁。孩子第一次到外婆家，临走时，外婆也要给他一个碗、一双筷子。在老年人过世的丧宴上，筷子和碗成为客人“偷抢”的对象，因为四川流传着“偷”丧宴上的筷子和碗就是“偷”寿的习俗。筷子使用的礼仪习俗是巴蜀民众虚心热情待客、注重礼数的重要表现，千百年来，一直约束规范着人们的社交礼仪活动。

九斗碗，是巴蜀民间社交筵宴的典型代表。九斗碗又名坝坝宴、流水席、九大碗、九个碗，它起源于清代，是民间百姓婚丧嫁娶、祝寿、开业、逢年过节等举办的宴席。九斗碗礼仪讲究，菜肴品种及上菜顺序有规定。九斗碗代表性的菜品有软炸蒸肉、清蒸排骨、粉蒸牛肉、蒸甲鱼、蒸浑鸡、蒸浑鸭、蒸肘子、夹沙肉、咸烧白等。川西地区九斗碗上菜依次为：干盘菜，凉菜，炒菜，镶碗，墩子，蹄髈，烧白，鸡肉菜肴，汤菜。川东九斗碗总体上与川西基本相同，但也有一些独特的品种，如鲊肉、鲊海椒蒸肉、扣鸡、扣鸭、炸酥肉等，同时，一些河鲜也被端上了坝坝宴餐桌，如蒸甲鱼、炸酥蟹、炸河虾等。九斗碗是巴蜀百姓农耕文明的特殊产物，体现了民众欢乐共享、团结互助、祈求幸福美满等中华传统美德，具有重要的食育价值。

（三）节日食俗

节日食俗是指民众在特定日子里的饮食礼仪风尚。巴蜀地区节日多样，节日食俗多彩，民众通过食用特色节日食物抒发了家乡情结，表达了对节日的庆祝心理，寄托着家人团圆幸福的情感。巴蜀地区民族众多，各个民族节日食俗各异，在此，主要介绍巴蜀代表性特色传统节日食俗。

春节是汉族人最隆重的节日，又称过大年。巴蜀民众春节食俗特色鲜明。一般冬至过后，家家户户开始杀年猪做香肠腊肉。腊月二十三送灶后，民众开始泡糯米，推汤圆粉，做汤圆心。除夕晚上，一家人吃团年饭。正月初一熬夜守岁，走了喜神方后，新年第一餐为吃汤圆，寓意新年美好团圆之意。正月初二后走亲戚，举办请春酒，宴请亲朋好友共祝新年，直到正月十五过完元宵节后，春节才算正式结束。

清明节，巴蜀民众除传统祭祖扫墓外，喜欢用艾蒿汁拌入糯米粉中做成皮，然后包入肉馅，蒸成碧绿圆润的清明粑粑食用。端午节，巴蜀民众家家户户门口挂艾草、菖蒲，熬草药洗澡，擦雄黄酒，举办赛龙舟、抢鸭子等节日活动。同时，端午节饮食主要是吃粽子，巴蜀地区粽子比较有特色，主要有牛肉粽子、卤肉粽子、鲜肉粽子等。

中秋节是汉族第二大传统节日，巴蜀地区民众有赏月、吃月饼的习俗。川式月饼与其他地区的月饼大不相同，其馅心多为猪肉、牛肉、腊肉、火腿、鸡丁等，加入特色调味料花椒，呈椒麻、椒盐味型。月饼皮用浆面包酥皮，食之酥香细腻。中秋节除制作食用月饼外，巴蜀地区还有打糍粑、杀鸭子、吃麻饼、吃米饼等食俗，在庆祝团圆的同时，也表达了对秋天丰收的喜悦之情。

冬至节，又名贺冬节、交冬、亚岁、小年等，时间为阳历 12 月 22 日前后。这一天古人认为阴极之至，阳气始生。巴蜀地区冬至节食俗具有特色，人们要宰羊熬汤，吃羊肉，喝羊汤，山羊养殖名产区如简阳、双流等还要举办羊肉美食节。羊肉能够祛寒取暖，除湿壮阳，是适应寒冷潮湿的巴蜀冬天的最佳食物。

此外，巴蜀少数民族也有传统特色节日食俗。如藏历新年，藏族同胞要食用糌粑、血肠、酸奶、青稞酒、牛羊肉等美食来庆祝新年。彝族火把节，彝族群众要打牛宰羊杀猪，制作荞面馍、糌粑面和坨坨肉等，先祭祀祖先神灵，然后相互分享食用。苗族吃新节，人们准备了糯米饭、鱼肉、鸡鸭等食品，先用来祭祀天地神灵，祈求丰收，然后大家共同享用，庆祝美好生活。

（四）人生礼仪食俗

人生礼仪食俗是指人的一生中在各个重要阶段通常举行的不同仪式、礼节以及由此形成的习俗[①]。人生礼仪食俗主要包括诞生食俗、婚嫁食俗、寿庆食俗以及丧事食俗等。

① 杜莉．中国饮食文化［M］．北京：中国轻工业出版社，2020：168.

巴蜀地区诞生食俗丰富有趣，汉族地区主要流行报喜、洗三、送祝米、满月、百日开荤等传统习俗。报喜是指婴儿出生后，女婿带着染成红色的鸡蛋到岳父家报喜，送单数鸡蛋表示生了男孩，送双数鸡蛋表示生了女孩。洗三是婴儿出生第三天，外婆及亲朋好友带着鸡、鸡蛋、红糖、醪糟等“月礼”前来祝贺，主人要摆设酒席答谢宾客，俗称“三朝酒”或“打三朝”，民间有男不打三朝之说。送祝米是婴儿出生一周后，女方娘家父母要带上鸡蛋、鸡、红糖、糯米前来祝贺，主人设宴接待后，要送给客人涂有红色的鸡蛋作为谢礼。满月即婴儿出生满一个月，主人要置办满月酒宴席，宴请亲朋好友，现在一般都在酒店举办。百日开荤是婴儿满 100 天时（有的是 5 个月、半岁或 7 个月）要开荤。是日，主人要大办酒席，请德高望重的老人用筷子蘸点酒和菜汁，抹在婴儿的嘴唇上，边抹边说“吃点酒，天长地久；吃点油，穿缎穿绸；吃点肉，多福多寿；吃点饭，家财万贯”等吉利话。吃后还要给婴儿一些银钱表示祝贺，即日起，婴儿即可吃饭菜了[①]。

巴蜀地区婚嫁食俗比较庄重热烈。在结婚仪式上，一对新人要向父母敬茶，感谢父母的养育之恩，同时要改口叫爸妈，从此即为一家人。在结婚宴席上，父母与新人一道向亲朋好友敬酒，欢迎他们参加婚礼，感谢其对新人关心帮助。婚礼结束后第三天，要回门，新人要携带礼物回新娘家中探望父母，当日吃完午饭，即返回家中。

巴蜀地区寿庆食俗同中国其他地区大同小异。传统寿宴上要吃长寿面、寿桃、鸡鸭鱼等食物，现在一般均为吃生日蛋糕。60 岁以上老人祝寿时，儿孙一般要准备许多碗，上面写有“寿”字，俗称寿碗。祝寿结束后，客人一般要“偷”走寿碗，老人年龄越大，客人“偷”走的寿碗越多，表达了像寿星一样健康长寿的寓意。

巴蜀地区丧事食俗是指举办丧事宴请宾客时举办的饮食活动，又称吃大块、吃丧事饭等。丧事饭一般讲究八菜一汤，菜肴要丰盛，现做现吃，配有酒水，办几天丧事，就吃几天丧事饭，表达了主人对前来吊唁客人的尊敬和感激之情。

四、巴蜀传统饮食营养

巴蜀传统饮食营养是指巴蜀民众在长期的饮食生产生活实践过程中创造的有关食治养生、饮食健康的知识体系。巴蜀传统饮食营养历史悠久，文化内涵深厚，其中，饮食养生是重要的内容之一。饮食养生是中华饮食文化的精髓，它主要指：“人的饮食必须有利于养生，以食治疾，辨证施食，饮食有节，以保正气，除邪气，达到健康长寿的目的。”[②]巴蜀饮食非常注重养生，其与食育关系密切，民众选取、食用养生食材，讲究食

① 李明．四川民俗［M］．兰州：甘肃人民出版社，2004：252.
② 杜莉．中国饮食文化［M］．北京：中国轻工业出版社，2020：65.

物之间的合理搭配，做到辨证施食、阴阳平衡，是食育的重要内容之一。加强巴蜀传统饮食营养方面食育，不仅能够传承弘扬中华优秀传统文化，还能指导民众科学饮食，培养合理的饮食习惯，提高民众营养健康水平，进而推动健康中国战略深入实施。

（一）选用丰富的养生食材

食材是饮食养生的物质基础，巴蜀养生食材数量众多，品种丰富，分布广泛，品质优异，勤劳智慧的巴蜀民众不仅将其作为药材，还将其用于饮食，以实现饮食养生的目的。据《川菜烹饪事典》记载，川菜主要的食疗原料达42种，其中特色比较鲜明的有冬虫夏草、川贝母、天麻、杜仲、石斛、白果、灵芝、川续断、川芎等。这些养生食材具有保健养生、强身健体的功效。同时，巴蜀民众食用养生食材的方式多样，或作为辅料用于菜点烹饪，如经典养生菜点：川贝蒸鸡、豆蔻发糕、杜仲烧牛筋等；或作为调味料用于卤菜制作，如草果、桂皮、丁香、香叶、陈皮、白芷等川菜必不可少的卤肉调料；还可用来煲汤，如用川芎制作八珍汤，用薏苡仁制作雪花鸡汤，用黄芪制作猪肉汤；更有甚者，直接拿来做饮料食用，如用石斛做成石斛甘蔗饮，用麦冬做成银麦柑橘饮，用桑葚做成酒品等。

（二）善于辨证施食

辨证施食主要指根据食物原料的性味功能，合理组合搭配食物，以达到阴阳平衡、健康养生的目的。辨证施食，古已有之。《礼记·内则》记载："牛宜稌，羊宜黍，豕宜稷，犬宜粱，雁宜麦，鱼宜菰。春宜羔豚膳膏芗，夏宜腒鱐膳膏臊，秋宜犊麛膳膏腥，冬宜鲜羽膳膏膻。"① 此文强调了食物之间搭配的方式及与四季的关联。巴蜀民众非常注重辨证施食，根据食物的四性（寒、凉、温、热），讲究食物组合搭配，追求食性的平衡和谐。寒凉食物一般具有清热、泻火、解毒、滋阴的作用，在炎热的夏季食用较多，如巴蜀民众在夏日喜欢吃冷淡杯、冰粉、凉面、苦瓜、西瓜等。温热的食物一般具有祛寒、除湿、温中、助阳的作用，在寒冷的冬季食用最为相宜，如冬至节，巴蜀民众普遍吃羊肉、喝羊汤，以期祛寒补暖，滋阴壮阳。在菜肴搭配上，巴蜀民众辨证施食表现得尤为明显。以火锅为例，传统麻辣火锅油多味厚，禽畜肉俱全，食性偏热，为了能够中和热属性，做到清热泻火，阴阳平衡，人们一般都要搭配冬瓜、土豆、菠菜、豆腐、豆芽、莲藕、西瓜、柑橘等寒凉蔬菜水果食用。"火锅汤汁 + 性寒凉的蔬菜 + 性寒凉的酒水，成为四川火锅的典型饮食模式。"② 又如四川农家乐，民众食用的主要菜品为麻辣菜

---

① 王云五．礼记今注今释［M］．台北：台湾商务印书馆股份有限公司，1970：369.

② 杜莉．天人相应观念下的四川饮食养生之道［J］．四川旅游学院学报，2014（01）：8—11.

肴，其含热量高，多吃易上火。这时，人们一般会点一道汤菜即粑粑菜，其制作方法为将冬瓜、丝瓜、黄瓜、萝卜、白菜等放入锅中煮烂，加入食盐即成，具有解油腻、清热去火的功效，与麻辣菜肴搭配食用，能起到健康养生的作用。辨证施食在丰富川菜养生文化、促进民众饮食健康方面发挥了重要作用。

（三）讲究五味调和

巴蜀民众饮食非常注重五味调和。五味是指食物的酸、甘、苦、辛、咸五种味道，与药物一样，不同的食物具有不同的作用[①]。在千百年来的饮食实践过程中，人们根据养生健康需要，积累总结了丰富的味道调和食用的经验智慧，形成了“五味调和百味鲜”“五味调和百味香”的饮食特征。春季，阳气生发，万物生机勃勃，巴蜀民众多食用甘味食物，如胡萝卜、土豆、菠菜、芋头、豆腐、金针菜、丝瓜等，这些食物具有补益、和中、缓急的作用。夏季，巴蜀地区天气闷热潮湿，人们容易上火烦躁，沾染湿气，饮食上经常吃苦瓜、苦菜、茶叶、海藻、百合、橘皮等具有清热泻火、燥湿解毒作用的苦味食物。秋冬季节，巴蜀地区少阳、阴冷、多雨、潮湿，民众多食用辣椒、花椒、生姜、大葱、大蒜、白萝卜、芹菜等辛味食物，以起到温中、散寒、除湿的作用。一年四季交替轮回，民众用五味变换调和来达到养生的目的。同时，巴蜀饮食自古就有追求味道的传统。东晋常璩在《华阳国志》中记载蜀中饮食“尚滋味，好辛香”，今天，川菜在五味的基础上，创制出了二十四种复合味型，一类是醇浓味厚类味型，包括鱼香味型、红油味型、麻辣味型、怪味味型、椒麻味型、蒜泥味型、家常味型、煳辣味型、陈皮味型、荔枝味型、椒盐味型、酸辣味型，一类是清鲜味真类味型，包括咸鲜味型、麻酱味型、糖醋味型、咸甜味型、甜香味型、芥末味型、酱香味型、五香味型、香糟味型、烟香味型、茄汁味型、姜汁味型等。各种复合味型由多种调味品调制而成，口味变化多端，特色独显，正是巴蜀饮食五味调和理论的充分应用，也是“食在中国，味在四川”的有力佐证。

五、巴蜀饮食生产与加工技艺

巴蜀饮食生产与加工技艺是指巴蜀民众饮食品生产实践的技术方法，主要包括食材生产技术和食物制作工艺等。巴蜀饮食生产与加工技艺是千百年来，民众生产实践所创造并积累的宝贵财富，是勤劳智慧的结晶，是非物质文化遗产，体现了精益求精的工匠精神，蕴含着中华优秀传统文化。加强巴蜀饮食生产与加工技艺教育，能够使民众具备

---

① 杜莉．中国饮食文化［M］．北京：中国轻工业出版社，2020：66.

基本的生产生活能力，提高民众的劳动技能，而且有助于保护中华农耕文明，推动非物质文化遗产创造性转化和创新性发展，守护好共同的精神家园。

（一）巴蜀食材生产技艺

巴蜀地区群山环绕、江河纵横、气候温润、四季常青，在这片神奇富饶的土地上，民众创造并积累了丰富的食材生产技术，产出了大量特色优质食材，为人们饮食生活水平的提升奠定了坚实的物质基础。巴蜀地区食材生产技术主要包括植物性食材种植技术和动物性食材养殖技术。植物性食材包括五谷杂粮、瓜果蔬菜等，其种植基本技术有育苗、栽培、施肥、病虫害防治、田间管理、采集收获等，其为巴蜀食育的主要内容。同时，巴蜀地区食育还应重点关注特色食材的种植，如韭黄、子姜、菜椒、冬寒菜、独蒜、青菜头、青蒜苗、豌豆尖、莴笋、油菜薹、苕菜、折耳根、马齿苋、川竹笋、笋干、木耳、银耳、松茸、竹荪等，其种植技术体现了巴蜀饮食文化的特色。巴蜀动物性食材种类丰富，主要包括家禽、家畜和水鲜三大类。动物性食材基本养殖技术包括饲料准备、饲养管理、繁殖技术、育肥技术、疾病防治等，是巴蜀饮食生产与加工技艺的基本内容，同时，巴蜀特色动物性食材如雅鱼、江团、水密子、黄辣丁、成华猪、牦牛、黄羊、麻羊、麻鸭等，其养殖技术具有独特特征，能够突出巴蜀饮食生产与加工技艺的特色，是巴蜀地区食育的重要组成部分。

（二）巴蜀饮食加工制作技艺

巴蜀饮食加工制作技艺是指民众日常制作食物的方式方法，主要表现为川菜烹饪工艺。川菜烹饪工艺源远流长、技艺精湛、特色鲜明、文化内涵深厚，其既具有中餐烹饪技艺的一般特征，又具有独特性，体现出川菜特色。首先，在原料加工方面，川菜常用原料加工方法达50多种，在干料涨发技术上，分为冷水发、热水发、泡发、焖发、蒸发、油发、碱水发等，多样精妙的原料加工方式，能够使原料物尽其用，最大限度地提升了原料食用品质。其次，在刀工方面，川菜刀工技艺精湛，刀法多样。常用刀法有20多大类，如切、片、砍、斩、剞、剐、削、剖等，同时，每一类刀法又可细分为多种刀法，如切就有直切、推切、锯切、滚料切、翻刀切、拖刀切等。多样的刀法使川菜原料成形规格一致，干净利落，美观大方。再次，从调味来看，川菜调味技艺多样，富于变化，善于组合搭配。调味方式包括加热前、加热中、加热后调味，并能灵活运用，组合搭配，多样的调味方法制作出丰富的味型。从烹饪技法来看，川菜烹制技法复杂精湛，常用烹饪方法达56种，主要分为热烹饪方法和非热烹饪方法两大类。热烹饪方法包括固态介质烹饪法（如沙炒、泥烤、锅烤）、液态介质烹饪法（如炖、卤、煨、煮、炸、炒、爆、煎、贴等）和气态介质烹饪法（如蒸、蒸馏、熏、烤烘等）。非热烹饪方法包括发酵烹饪法（如泡、醉、糟等）、化学剂烹饪法（如腌）、凝冻烹饪法（如冻、挂霜等）和调味烹饪法（如炝、拌等）。其中，川菜独具特色的烹饪技法为小炒、干煸、干烧等。最后，从菜品装盘造型来看，川菜常用装盘造型方法达30多种，包括平面拼、立体拼、花色拼、盖面、牵花、围边等，能够使川菜整体出品讲究意境、美观大方、时尚精美。加强川菜烹饪工艺教育，学习掌握川菜特色烹饪技法，既能提高民众烹饪技术，增强日常饮食技能，又可提升审美，增强创造美好饮食生活的能力，还可弘扬工匠精神，传播中华优秀传统文化。

第三章

巴蜀饮食文化融入川渝地区食育发展的现状

巴蜀饮食文化融入川渝地区食育发展取得了显著成绩。食育相关政策陆续出台，食育教学活动持续开展，食育家庭示范传承愈发受到重视，食育宣传科普逐步实施，食育载体建设加快推进，食育科学研究逐步发展，川渝地区食育文化产品不断产出。但同时，川渝地区食育发展也存在一定的问题。概述川渝地区食育发展取得的主要成绩，客观分析其存在的问题，能够为提出巴蜀饮食文化融入川渝地区食育发展的路径和对策提供科学依据。

第一节
巴蜀饮食文化融入川渝地区食育取得的成绩

近年来，川渝地区食育发展比较迅速。系列食育相关政策陆续出台，有力引导了食育的发展；食育教学活动持续开展，学生食育效果日益凸显；食育家庭示范传承愈发受到重视，家庭子女良好的饮食习惯逐渐形成，老年人饮食营养得到一定改善；食育宣传科普逐步实施，民众食育认知水平提升；食育载体建设加快推进；川渝地区食育保障条件得到提升；食育科学研究逐步发展，食育科研转化能力增强；食育文化产品不断产出；有效提升了食育的普及度。经过食育实施主体各方共同努力，川渝地区食育发展取得了一定的成绩，食育实践活动日益丰富多彩，食育中的巴蜀饮食文化特色愈发鲜明。

一、食育相关政策陆续出台

政策是食育发展的遵循和保障。近年来，川渝地区食育相关政策文件陆续出台，有力引导支持川渝地区食育发展。川渝地区涉及食育相关政策主要分为两个层面：一是国家制定的相关食育政策，主要包括国民营养健康和学校劳动课程建设等，此类政策是川渝地区制定本地区食育政策的指导和依据，必须严格贯彻落实。二是川渝地区政府及相关部门制定的涉及食育相关内容的政策。此类政策立足川渝地区食育发展实际，因地制宜，更具有针对性和特殊性。

（一）国家制定了有关食育系列政策

近年来，随着经济和社会的发展，民众愈发重视营养健康，健康中国战略全面推进，国家出台了系列促进民众合理膳食、营养健康的文件，这些文件主要集中于居民膳食指导、食品安全和营养改善，有力推动了民众营养健康水平的提升。同时，在学校教育方面，国家制定了劳育课程的标准、校园食品安全规定等，其中有诸多涉及食育的内容，丰富了国家食育政策，有力推动了国家食育政策体系的构建。2010—2024 年国家有关食育主要政策见表 3-1。

表 3-1　　2010—2024 年国家有关食育主要政策

序号	时间	文件名称	内容概要	发布主体
1	2010 年	《营养改善工作管理办法》	卫生行政部门应当经常组织开展多种形式的营养宣传教育，推广《中国居民膳食指南》，帮助居民形成符合营养要求的饮食习惯以及健康的生活方式，提高改善膳食营养的能力	卫生部（现已更名为国家卫生健康委）
2	2011 年	《关于实施农村义务教育学生营养改善计划的意见》	各地区和有关部门要充分利用各种宣传教育形式，向学生、家长、教师和供餐人员普及营养科学知识，培养科学的营养观念和饮食习惯。学校要严格落实国家教学计划规定的健康教育时间，对学生进行营养健康教育，建立健康的饮食行为模式，使广大学生能够利用营养知识终身受益。实施学生营养改善计划的地区和有关学校要建立专家工作组，加强营养配餐、科学饮食方面的指导和服务	国务院办公厅
3	2012 年	《中国慢性病防治工作规划（2012—2015 年）》	科学指导合理膳食，积极开发推广低盐、低脂、低糖、低热量的健康食品。农业部门调整和改善食物生产结构，引导生产安全、营养、方便、多样的农产品；工业和信息化部门引导并支持食品加工企业改进生产工艺，推动实施预包装食品营养标签通则，促进健康食品开发和生产；商务部门倡导和鼓励食品销售企业开设健康食品专柜，引导消费者选择健康食品；食品企业、集体供餐和餐饮单位组织业务骨干人员学习掌握合理营养膳食知识并知晓不良饮食危害，逐步推行营养成分标识，提供健康食品和餐饮	卫生部等 15 部门
4	2012 年	《3—6 岁儿童学习与发展指南》	为幼儿提供营养丰富、健康的饮食。如：参照《中国孕期、哺乳期妇女和 0—6 岁儿童膳食指南》，为幼儿提供谷物、蔬菜、水果、肉、奶、蛋、豆制品等多样化的食物，均衡搭配。烹调方式要科学，尽量少煎炸、少烧烤、少腌制 帮助幼儿养成良好的饮食习惯。如：合理安排餐点，帮助幼儿养成定点、定时、定量进餐的习惯。帮助幼儿了解食物的营养价值，引导他们不偏食不挑食、少吃或不吃不利于健康的食品；多喝白开水，少喝饮料 吃饭时不过分催促，提醒幼儿细嚼慢咽，不要边吃边玩	教育部

续表

序号	时间	文件名称	内容概要	发布主体
5	2014年	《中国食物与营养发展纲要（2014—2020年）》	开展多种形式的营养教育，引导居民形成科学的膳食习惯，推进健康饮食文化建设 将食物与营养知识纳入中小学课程，加强对教师、家长的营养教育和对学生食堂及学生营养配餐单位的指导，引导学生养成科学的饮食习惯。强化营养干预，加大蛋奶供应，保障食物与营养需求 研究设立公众“营养日”。开展食物与营养知识进村（社区）入户活动，加强营养和健康教育。发布适宜不同人群特点的膳食指南，定期在商场、超市、车站、机场等人流集中地发放。发挥主要媒体对食物与营养知识进行公益宣传的主渠道作用，增强营养知识传播的科学性	国务院办公厅
6	2016年	《“健康中国2030”规划纲要》	提高全民健康素养，建立健全健康促进与教育体系，提高健康教育服务能力，从小抓起，普及健康科学知识。加强学校健康教育力度，把健康教育作为所有教育阶段素质教育的重要内容。以中小学为重点，建立学校健康教育推进机制	中共中央、国务院
7	2016年	《关于进一步加强学校校园及周边食品安全工作的意见》	学校要将食品安全、营养和节约食物纳入健康教育内容。每学期组织开展食品安全专题教育，并将食品安全与主题班会、课外实践等活动紧密结合，开展经常性教育活动。通过宣传栏、宣传册等，定期向学生传递食品安全、营养等信息，推动学生形成健康的饮食习惯，拒绝食用高油、高盐、高糖食品。教育行政部门要督促学校开展食品安全教育	国务院食品安全办等6部门
8	2016年	《关于加强健康促进与教育的指导意见》	将健康教育纳入国民教育体系，把健康教育作为所有教育阶段素质教育的重要内容。以中小学为重点，建立学校健康教育推进机制。加强学校健康教育师资队伍建设	国家卫生计生委（现已更名为国家卫生健康委）等10部门

续表

序号	时间	文件名称	内容概要	发布主体
9	2017年	《国民营养计划（2017—2030年）》	开展针对学生的“运动+营养”的体重管理和干预策略，对学生开展均衡膳食和营养宣教，增强学生体育锻炼。加强对校园及周边食物售卖的管理。加强对学生超重、肥胖情况的监测与评价，分析家庭、学校和社会等影响因素，提出有针对性的综合干预措施 开展学生营养健康教育。推动中小学加强营养健康教育。结合不同年龄段学生的特点，开展形式多样的课内外营养健康教育活动	国务院办公厅
10	2017年	《中小学综合实践活动课程指导纲要》	将食育和健康相关的专题教育融入综合实践活动主题中	教育部
11	2017年	《国家教育事业发展“十三五”规划》	要全面加强幼儿园、中小学的卫生与健康工作，加强健康知识宣传力度，提高学生主动防病意识。广泛开展可持续发展教育，深化节水、节电、节粮教育，引导学生厉行节约、反对浪费	国务院
12	2019年	《学校食品安全与营养健康管理规定》	学校应当按照食品安全法律法规规定和健康中国战略要求，开展食品安全与营养健康的宣传教育。中小学、幼儿园应当培养学生健康的饮食习惯，加强对学生营养不良与超重、肥胖的监测、评价和干预	教育部、国家市场监督管理总局、国家卫生健康委
13	2019年	《健康中国行动（2019—2030年）》	对于一般人群。学习中国居民膳食科学知识，使用中国居民平衡膳食宝塔、平衡膳食餐盘等支持性工具，根据个人特点合理搭配食物 推动营养健康科普宣教活动常态化，鼓励全社会共同参与全民营养周、“三减三健”（减盐、减油、减糖，健康口腔、健康体重、健康骨骼）等宣教活动。推广使用健康“小三件”（限量盐勺、限量油壶和健康腰围尺），提高家庭普及率，鼓励专业行业组织指导家庭正确使用	国务院

续表

序号	时间	文件名称	内容概要	发布主体
14	2019 年	《关于深化改革加强食品安全工作的意见》	在中小学开展食品安全与营养教育，有条件的主流媒体可开办食品安全栏目，持续开展“食品安全宣传周”和食品安全进农村、进校园、进企业、进社区等宣传活动，提升公众食品安全素养，改变不洁饮食习俗，避免误采误食，防止发生食源性疾病。普及健康知识，倡导合理膳食，开展营养均衡配餐示范推广，提倡“减盐、减油、减糖”	中共中央、国务院
15	2019 年	《中华人民共和国食品安全法实施条例》	食品生产经营企业应当加强对食品安全管理人员的培训和考核。食品安全管理人员应当掌握与其岗位相适应的食品安全法律、法规、标准和专业知识，具备食品安全管理能力	国务院
16	2019 年	《关于进一步加强农村义务教育学生营养改善计划有关管理工作的通知》	各地教育、卫生健康行政部门要加强营养膳食指导，充分发挥营养改善专家委员会、学生电子营养师系统、农村学生营养膳食指导手册作用，加大对食堂从业人员培训力度，提高营养配餐能力。学校要严格落实国家教学计划规定的健康教育时间，结合不同年龄段学生特点，开展形式多样的营养健康教育活动，普及营养科学知识，引导学生养成健康饮食习惯	教育部、国家发展改革委、财政部、国家卫生健康委、市场监管总局
17	2020 年	《关于全面加强新时代大中小学劳动教育的意见》	整体优化学校课程设置，将劳动教育纳入中小学国家课程方案和职业院校、普通高等学校人才培养方案，形成具有综合性、实践性、开放性、针对性的劳动教育课程体系	中共中央、国务院
18	2020 年	《关于全面禁止非法野生动物交易、革除滥食野生动物陋习、切实保障人民群众生命健康安全的决定》	全社会成员要自觉增强生态保护和公共卫生安全意识，移风易俗，革除滥食野生动物陋习，养成科学健康文明的生活方式	全国人大常委会
19	2020 年	《校园食品安全守护行动方案（2020—2022 年）》	广泛开展食品安全宣传教育，向师生有效传递食品安全和营养健康知识。对学校提供营养指导，倡导健康饮食理念	市场监管总局、教育部、公安部、国家卫生健康委

续表

序号	时间	文件名称	内容概要	发布主体
20	2021年	《中华人民共和国反食品浪费法》	学校应当按照规定开展国情教育，将厉行节约、反对浪费纳入教育教学内容，通过学习实践、体验劳动等形式，开展反食品浪费专题教育活动，培养学生形成勤俭节约、珍惜粮食的习惯	全国人大常委会
21	2021年	《关于开展2021年"师生健康中国健康"主题健康教育活动的通知》	加强饮食教育，引领学生践行"光盘"行动，反对食物浪费，积极引导家长科学安排家庭膳食，培养学生科学的膳食习惯，形成健康饮食新风尚	教育部办公厅
22	2022年	《义务教育劳动课程标准（2022年版）》	根据家庭成员身体健康状况、饮食特点等设计一日三餐的食谱，注意三餐营养的合理搭配。独立制作午餐或晚餐中的3～4道菜。了解科学膳食与身体健康的密切关系，增进对中华饮食文化的了解，尊重从事餐饮工作的普通劳动者	教育部
23	2022年	《"十四五"国民健康规划》	全面实施全民健康生活方式行动，推进"三减三健"（减盐、减油、减糖，健康口腔、健康体重、健康骨骼）等专项行动。实施国民营养计划和合理膳食行动，倡导树立珍惜食物的意识和养成平衡膳食的习惯，推进食品营养标准体系建设，健全居民营养监测制度，强化重点区域、重点人群营养干预	国务院办公厅
24	2023年	《关于做好2023年春季学校食品安全工作的通知》	各地教育部门要会同市场监管、卫生健康部门为学校提供食品安全和营养健康指导，加强学校相关工作人员培训，创新培训形式，拓宽培训渠道，为学生普及食源性疾病预防和平衡膳食的知识技能	市场监管总局办公厅、教育部办公厅、国家卫生健康委办公厅、公安部办公厅
25	2024年	《关于促进餐饮业高质量发展的指导意见》	加强反食品浪费监管执法，依法曝光餐饮行业违法案例。完善餐饮领域反食品浪费标准规范，指导行业协会加强行业自律，培树餐饮节约示范单位。引导餐饮经营主体、外卖平台完善餐品信息，强化适量点餐提示，鼓励分餐制，提供小份餐。加强制止餐饮浪费宣传引导，将反食品浪费纳入义务教育阶段教学内容，通过"小手拉大手"带动全社会反食品浪费	商务部等9部门

续表

序号	时间	文件名称	内容概要	发布主体
26	2024年	《关于印发“减油、增豆、加奶”核心信息的通知》	儿童青少年要从小培养清淡不油腻的健康饮食习惯，超重肥胖、高血脂人群等更应控制脂肪摄入，做到食物多样、合理膳食 建议成年人平均每天摄入15～25克大豆或相当量的大豆制品，目前我国2/3以上的居民未达到推荐摄入量，应适当增加 建议日常膳食选择不同奶及奶制品，如每日饮用一杯奶，适当搭配一杯酸奶或2～3片奶酪等	国民营养健康指导委员会办公室
27	2024年	《国家全谷物行动计划（2024—2035年）》	探索建立适合我国国情的全谷物膳食理念宣传推广机制。组织编写专题科普材料，面向重点群体开展科普讲座。组织各类媒体采取公益广告、科普文章、专题节目等形式，通过主动推送、互动活动等方式，广泛开展全谷物宣传报道，加快普及全谷物健康知识，推介全谷物食用方法，培养全谷物消费习惯。结合世界粮食日和全国粮食安全宣传周、全国粮食和物资储备科技活动周等活动，加强全谷物科普宣传	国家发展改革委等7部门
28	2024年	《粮食节约和反食品浪费行动方案》	把粮食安全教育、勤俭节约教育融入大中小学思政课、国情教育等教育教学活动，通过学习实践、体验劳动等形式，开展反食品浪费专题教育活动，培养学生形成勤俭节约、珍惜粮食的习惯。结合“最美家庭”“巾帼大宣讲”“巾帼兴粮节粮”和中国农民丰收节等活动，提倡家庭爱粮节粮，弘扬勤俭节约良好家风	中共中央办公厅、国务院办公厅
29	2024年	《中小学校园食品安全和膳食经费管理工作指引》	学校应加强对学生的食品安全意识教育。通过课堂教学、宣传活动以及实践操作等多种形式，使学生掌握食品安全的基本知识，包括如何识别健康食品、理解食品标签、避免食用过期或不卫生食品等。同时，学校应定期开展食品安全主题活动，增强学生的食品安全责任感和自我保护意识 教育行政部门组织开展食品安全教育培训，加强学校食品安全管理人员队伍建设，不断提升学校食品安全保障服务水平	教育部办公厅

（二）川渝地区制定有关食育系列政策

川渝地区有关食育政策加快制定完善。川渝地区食育政策颁布主体多样，既包括地方政府，也涉及教育、市场监管、公安、卫健、文旅等相关部门；食育政策内容丰富，主要集中于营养健康、膳食平衡、食品安全教育，同时也包含饮食文化挖掘传播、饮食教育人才培养、良好饮食习惯形成等；食育政策实施对象宽广，既包括幼儿园、中小学、高校学生，也涉及餐饮从业人员、特殊群体及普通民众；食育政策保障措施得力，主要包括加强组织领导、经费投入、宣传动员、监督检查、交流合作、开展试点等。通过系列食育相关政策的颁布实施，川渝地区食育目标更明确，食育措施更得力，食育组织更有序，食育效果更鲜明。2010—2024 年川渝地区有关食育主要政策见表 3-2。

表 3-2　　2010—2024 年川渝地区有关食育主要政策

序号	时间	文件名称	内容概要	发布主体
1	2010 年	《关于推进中小学生营养促进工程的意见》	各区县（自治县）人民政府、市政府有关部门要加大中小学生营养促进工程的宣传力度，利用新闻媒体、网络等渠道，提高全社会对中小学生营养促进工程的知晓度，让全体家长、学生主动参与中小学生营养促进工程，让社会各界更多地关心、关注青少年健康成长，促进全体中小学生身体素质的提升和德智体美全面发展	重庆市人民政府
2	2011 年	《关于切实加强学校食品安全工作的通知》	利用宣传栏、宣传橱窗、报刊、校园广播、校园网、校园电视台等媒体，宣传食品安全知识、学校为做好学校食品安全工作所采取的措施及取得的成效等，帮助广大师生了解学校食品安全情况，加深对学校餐饮工作的理解和认同，增强信心，形成有利于开展学校食品安全工作的良好氛围	四川省教育厅
3	2012 年	《关于实施农村义务教育学生营养改善计划地方试点工作的通知》	要充分利用各种宣传教育形式，向学生、家长、教师和供餐人员普及营养科学知识，培养科学的营养观念和饮食习惯。学校要严格落实国家教学计划规定的健康教育时间，对学生进行营养健康教育，建立健康的饮食行为模式，使广大学生能够利用营养知识终身受益	四川省人民政府办公厅

续表

序号	时间	文件名称	内容概要	发布主体
4	2013 年	《四川省川菜产业发展规划（2013—2015）》	依托现有大中专院校，加强餐饮管理及服务专业学科建设，充分发挥各类职业培训机构作用，加强校企合作，大力开展多层次、多形式的川菜教育培训，加快培养大批餐饮管理、烹饪技艺、技术研发等领域的高素质人才。鼓励川菜企业加大自身人才培训力度，不断提高从业人员的文化、技术职业道德等素质	四川省商务厅
5	2014 年	《四川省食物与营养发展实施计划（2014—2020 年）》	加大食物与营养知识宣传培训力度，全面普及膳食营养和健康知识。加强对农产品和食品生产经营者的食品安全法律法规培训，开展食物与营养知识进村（社区）入户活动，加强营养和健康教育	四川省人民政府办公厅
6	2016 年	《关于进一步加快成都市川菜产业发展的实施意见》	挖掘川菜的历史文化，编制川菜文化书籍，拍摄川菜主题影视作品，培养专业川菜人才	成都市人民政府办公厅
7	2018 年	《四川省促进川菜走出去三年行动方案（2018—2020 年）》	推动川菜文化的挖掘、整理、传承和创新，形成川菜“美食故事”。加强川菜烹饪、餐饮服务等实用人才职业培训，探索建立川菜国际化人才培养基地	四川省人民政府办公厅
8	2018 年	《四川省国民营养计划实施方案》	加大营养健康科普宣传力度。围绕国民营养、食品安全科普宣教需求，结合我省食物资源和饮食习惯，编写《四川省居民膳食指南》和科普宣传资料。创新营养健康宣传形式，建立免费共享的营养和食品安全科普平台	四川省人民政府办公厅
9	2018 年	《重庆市国民营养计划（2017—2030 年）实施方案》	提升营养健康科普信息供给和传播能力。围绕国民营养、食品安全科普宣教需求，结合我市食物资源和饮食习惯，结合传统食养理念，编写适合我市不同人群的居民膳食指南等营养、食品安全科普宣传资料	重庆市人民政府办公厅
10	2019 年	《成都市国民营养计划实施方案》	重点人群营养不良状况明显改善，吃动平衡的健康生活方式进一步普及，居民营养健康素养得到明显提高	成都市人民政府办公厅
11	2019 年	《四川省中小学校食品安全管理办法》	组织从业人员参加食品安全知识和技能培训、考核和健康检查	四川省人民政府

续表

序号	时间	文件名称	内容概要	发布主体
12	2019年	《四川省人民政府关于推进健康四川行动的实施意见》	因地制宜改良发展川菜，推动健康川菜品牌建设。持续开展减盐控油活动，合理限制添加糖的摄入	四川省人民政府
13	2019年	《健康中国重庆行动实施方案》	鼓励全社会参与减盐、减油、减糖行动，推进食品营养标准体系建设	重庆市人民政府
14	2021年	《成都大中小学劳动教育项目清单（试行）》	初中阶段：制订营养菜单，烹制特色川菜	成都市教育局
15	2021年	《成都市幼儿园膳食管理办法（2021年修订）》	幼儿园加强食品安全与营养健康的宣传教育，定期开展常态化宣传教育活动，充分发挥“育人”功能，引导家长科学安排家庭膳食，引导幼儿珍惜粮食、尊重劳动、践行“光盘行动”，引导幼儿认识食品标签标识，形成健康饮食新风尚	成都市教育局等
16	2021年	《四川省高等学校学生食堂管理办法》	高校应做好健康饮食、合理膳食等方面的科普和宣传。学生食堂应按食品安全监督管理部门要求主动公示食品经营许可证、从业人员健康证、食品原辅料索证信息、菜品价格和其他应公开的信息，接受师生监督	四川省教育厅
17	2021年	《全面加强新时代大中小学劳动教育实施方案》	让孩子养成从小爱劳动的好习惯，利用衣食住行等日常生活中的劳动实践机会，让孩子掌握洗衣做饭等必要的家务劳动技能	四川省教育厅等
18	2021年	《关于加强新时代大中小学劳动教育的若干措施》	把加强劳动教育作为制止学校餐饮浪费、培养学生节俭意识的重要举措，组织学生参加中国农民丰收节相关庆祝活动等	中共重庆市委、重庆市政府
19	2021年	《重庆市国际美食名城建设实施方案（2021—2025年）（征求意见稿）》	培养百名烹饪大师名师和美食鉴赏家、评论家	重庆市商务委
20	2022年	《关于加强学校食堂食品安全与营养健康管理工作的通知》	学校要将食品安全与营养健康作为健康教育教学重要内容，为学生传递科学的食品安全和营养健康知识，培养学生均衡膳食理念和健康饮食习惯	重庆市教委等

续表

序号	时间	文件名称	内容概要	发布主体
21	2022年	《成都儿童发展纲要（2021—2030年）》	加强儿童食育教育，引导科学均衡饮食、吃动平衡，预防控制儿童超重和肥胖。实施学龄儿童营养与健康干预行动，加强学校、幼儿园、托育机构的营养健康教育和膳食指导。加大碘缺乏病防治知识宣传普及力度	成都市人民政府
22	2022年	《2022年四川省营养健康食堂（餐厅）、营养与健康学校试点建设工作实施方案》	在全省遴选一批不同类别的食堂（餐厅）开展营养健康食堂（餐厅）试点建设，提升有关食堂（餐厅）营养健康服务水平，向全社会倡导并推广以“三减”为核心的合理膳食生活方式	四川省卫生健康委等
23	2023年	《四川省食品安全标准与监测评估三年行动计划（2023—2025年）》	组织开展营养健康食堂（餐厅）、营养与健康学校建设，推广营养健康烹饪模式与营养均衡配餐，动员全社会参与减盐、减油、减糖。加强健康四川合理膳食行动指标监测评估，开展居民营养健康知识知晓率调查，积极推进健康四川合理膳食行动和全民健康生活方式行动，推动国民营养计划实施情况纳入政府绩效考核	四川省卫生健康委
24	2023年	《四川省食品安全条例》	地方各级人民政府及其有关部门应当加强食品安全的宣传教育，普及食品安全知识，鼓励社会组织、基层群众性自治组织、食品生产经营者开展食品安全法律、法规以及食品安全标准和知识的普及工作，倡导推行分餐制和使用公筷公勺等健康饮食方式，增强消费者食品安全意识和自我保护能力	四川省人大常委会
25	2024年	《重庆市农村义务教育学生营养改善计划实施细则》	食育教育。学校应健全并落实健康教育制度，将食品安全与营养健康知识纳入健康教育教学内容，纳入“师生健康 中国健康”主题健康教育活动重要内容。配备专（兼）职健康教育教师，明确课时安排并落实有关学时要求，按照以下要求落实食育教育……	重庆市教委等6部门
26	2024年	《四川省“体重管理年”活动实施方案》	在食品生产、流通、消费领域常态化开展食品安全普法教育和监督执法，加强公众食物营养和饮食文化教育，倡导“三减三健”、吃动平衡等健康理念，及时发布消费提示和健康风险提示，指导公众正确认识健康体重、科学动态管理体重，推动体重管理逐步形成社会自觉	四川省卫生健康委等17部门

由上表可以看出，2010—2024 年，川渝地区涉及食育的主要相关政策有 26 项。这些政策主要分为三大类。第一类是有关营养健康和食品安全科普宣传的政策有 19 项，占川渝地区食育政策总数的 73%，其中有关膳食营养健康的政策有 13 项，有关食品安全的政策有 6 项。第二类是有关大中小学劳动教育的政策有 3 项，占川渝地区食育政策总数的 12%，这些政策主要涉及食材种植养殖技术及菜肴制作技艺等相关食育内容。第三类是有关川菜食育的政策有 4 项，占川渝地区食育政策总数的 15%，这类政策主要涉及川菜文化挖掘保护、传承创新和川菜技能教育人才培养等。川渝地区食育政策类型丰富，数量较多，渐成体系，有力指导引导了川渝地区食育工作的开展。2010—2024 年，川渝地区涉及食育相关政策数量对比见图 3-1。

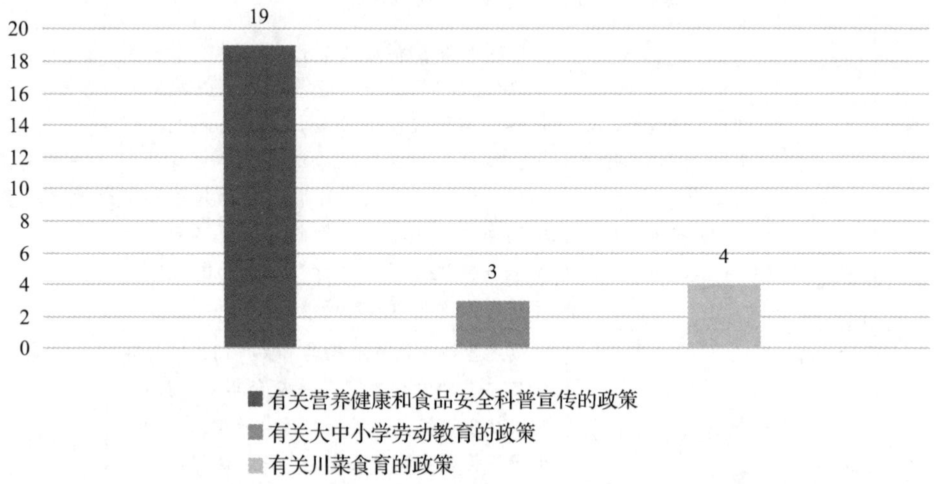

图 3-1　2010—2024 年，川渝地区涉及食育相关政策数量对比（单位：个）

二、川渝地区食育教学活动持续开展

学校是食育的重要主体，学生是食育的主要对象。近年来，川渝地区学校食育比较受关注和重视，政府出台一系列政策指导支持学校食育发展，将食育与劳育、美育、体育有机融合，充分发挥食育的育人功能。川渝各级各类学校积极行动，推动食育深入开展，开设食育相关课程，编写食育教材，加强食育师资力量，建立食育教育基地，开展食育各种实践活动等。经过不懈努力，川渝地区学校食育机制流畅、组织有序，措施得力，渐成体系，成效明显，学生掌握了基本的食材种植养殖技术和烹饪技艺，逐渐养成了良好的饮食习惯，能够遵循和践行中国基本的饮食礼仪与习俗，掌握了一定的食品安全及营养健康科学知识，进一步深入了解了中国饮食思想及饮食价值观念，有力推动了中国饮食文化的传承弘扬。

（一）幼儿园食育活动丰富多彩

幼儿园食育是学校食育的第一阶段，对学生整个人生的食育具有至关重要的作用。近年来，川渝地区非常重视幼儿园食育发展，培育开发幼儿特色食育课程，开展丰富的幼儿食育活动，加强幼儿园食育师资力量，积极进行幼儿营养健康科普宣传，经过多方不懈努力川渝地区幼儿园食育加快发展，幼儿园食育实践活动不断增多，食育教育体系逐渐成形，幼儿食育内容更加充实，幼儿园学生食知、食礼、食艺、食养等方面教育得到加强。

1. 打造园区农场，提升幼儿对巴蜀地区食材的认知

农业生产是饮食之本，食材种植养殖技术教育是食育的重要组成部分。近年来，川渝地区幼儿园积极开展食材生产教育，利用校园一角或教学楼顶等露天区域打造幼儿农场。学生全程参与巴蜀地区常见农作物及瓜果蔬菜（如油菜、土豆、向日葵、辣椒、西红柿、茄子、豆角等）种植与收获，包括松土、播种、浇水、施肥、除草、杀虫、采摘、收获等；同时，开展家禽家畜养殖，主要有鸡、鸭、鹅、兔等，学生亲自制作动物房屋，准备饲料，喂养小动物，观察记录小动物的生长变化，熟悉小动物的生长习性。在学生食材种植养殖过程中，教师全程指导，教授学生农具使用的方法，食材生产的技术以及春种、夏长、秋收、冬藏等食材与气候节气的关系等。经过多种多样的食材生产教育，幼儿园学生了解了农业生产；加深了对食材的认识，包括食材形状、生长周期、种植收获时间、田间管理等；增强了动手及团结协作的能力；感受到了劳动的艰辛和乐趣；有利于帮助学生养成热爱劳动、珍惜粮食、勤俭节约等良好习惯。

幼儿园食材种植教育做得较好的如天府菁芙蓉幼儿园，该园为学生开辟了芙蓉田园农场，设有堆肥区、工具区、测量区、工作台等区域供幼儿实际操作、体验，致力为幼儿创造一个可以与大自然进行亲密接触、感受蔬菜和植物生长的自主探索环境。学生在芙蓉田园农场学习使用农具，进行蔬菜种植，记录蔬菜生长过程，感受到人与自然和谐共处。成都光华新城幼儿园也积极开展食材生产教育。学校开展了秋季播种活动，学生分成小组，团结合作，首先进行松土，了解田地基本情况，然后进行播种，学生认识到时令节气与农作物的关系，在食材生长的过程中，认真做好观察记录，用画笔绘出食材的变化，体会到了植物生长的力量，增长了生物学知识，拉近了与大自然的距离。青羊区蒙养幼儿园非常注重家校联合培养学生劳动能力，开展了家校联合种植食材活动。2023 年 3 月，该幼儿园举办了“播种春天 万物生长”的种植活动，家长走进幼儿园开设小课堂，讲解适合春天种植的食材、种植工具使用及注意事项，之后，家长和学生一起垦荒、松土、播种、浇水、施肥，静等生命的成长，在劳动中拉近了亲子关系，增长

了食材种植知识。

幼儿园食材养殖教育做得较好的如郫都区犀浦幼儿园，该园注重生命教育，通过让学生亲自参与家禽的养殖活动，使学生了解家禽养殖的基本知识，在探索发现中感受生命的成长。在饲养小鸭的过程中，学生亲自给小鸭取名字，给小鸭搭建屋子和玩耍区域，在老师的引导下，给小鸭制作美味可口的食物，伴随小鸭慢慢成长的过程中，学生了解了小鸭的生活习性，掌握了一定的小鸭养殖知识，同时，也培养了自己的责任心和对动物的爱心。西华大学幼儿园注重培养学生对动物养殖的观察和探索能力。该园专门开辟了小动物养殖区，学生在老师的引导下，做好分工，每天按小组给小鸡喂食喂水，下午放学前，打扫鸡笼，进行清洁卫生。学生在亲自动手喂养小鸡的同时，做好小动物观察记录，用图画的形式绘出小鸡的外貌变化、生活习性、生长过程等，在此过程中，锻炼了探究观察能力，增长了生物学相关知识。

2. 动手制作食物，了解食物生产技艺

食物制作技艺教育是幼儿园食育的核心内容，也是川渝地区幼儿食育课程的重要内容。近年来，川渝地区幼儿园积极开展饮食生产与加工技艺教育，开设学生小厨房，指导学生参与食物制作体验，帮助学生了解食物生产加工过程。各园食物制作技艺教育方法多样，内容充实，特色鲜明，注重食物本身制作过程的讲解和体验，同时，围绕制作的食物拓展知识，帮助学生进一步深入了解食物相关文化知识。不断精心设计选取制作美食品种，一方面考虑幼儿身心发展特征，注重选取幼儿喜爱、操作简单、营养丰富的美食品种进行制作体验；另一方面，结合中国传统节日、二十四节气等优秀传统文化，注重选取节日传统美食、节气特色食物进行技艺体验，讲解特色饮食民俗。同时，突出美食技艺教育的情景化和规范化，创设真实的厨房场景，学生着围裙和厨师帽，扮成真正的小厨师，在教师的指导下进行简单的厨房操作，了解美食制作的基本流程，沉浸式感受美食制作技艺的魅力。经过食物生产技艺课程的学习体验，幼儿园学生加强了劳动教育，锻炼了动手能力，增强了对食物的认识，体会到食物制作的辛苦和劳动收获的快乐，进一步帮助学生养成热爱食物、珍惜食物、亲近食物的良好习惯。

川渝地区幼儿园食物制作技艺教育普遍开展，各有特色，其中比较具有代表性的，一是借助中国传统节日体验制作节日美食，让学生了解中国传统节日文化，感受节日特色食俗的魅力。如 2022 年 5 月 26 日，双流区彭镇柑梓幼儿园举办了“舌尖上的端午”主题食育活动。教师首先讲解了端午节的来历、屈原的故事、端午节的民俗等内容，然后学生在教师的指导帮助下制作端午美食，小班制作了糯米冰激凌，中班制作了艾草青团、茶叶蛋，大班制作了粽子，学生在制作、品尝端午美食的同时，了解了端午节文化，增强了对中国传统节日的喜爱之情。又如简城第一幼儿园将食育建成特色园本课程，在春节、清明节、端午节、中秋节等中国传统节日，让学生亲自动手制作饺子、汤圆、青团、粽子、月饼等传统节日美食，通过食物制作技艺教育，让学生感受传统节日饮食民俗，培养学生的家国情怀。

二是利用中华二十四节气，让学生了解岁时节令与饮食的关系，认识节气特色民俗活动，动手制作、品尝节气美食，从而传播弘扬中华优秀传统文化。如 2022 年 10 月，眉山市彭山区锦江幼儿园以二十四节气“霜降”为教育契机，开展了以“吟秋趣・柿柿如意”为主题的食育活动。教师讲解霜降节气相关知识后，学生动手制作柿子羹、柿子饼、柿子挞等，了解了节气与食物之间的关系，感受到了节气美食的魅力。2022 年 9 月，成都市锦西幼儿园开展了秋分节气食育活动，幼儿园邀请医生妈妈为学生讲解秋分饮食养生知识，之后，学生体验了“竖蛋”这一寄寓了对生命的敬畏和崇敬之情的秋分特色习俗。同时，幼儿园教师指导帮助学生制作秋菜、秋汤等美食，还开展了秋分诗歌朗诵、寻找秋天景物、描绘秋分时光等活动，将食物制作技艺教育与劳育、美育、智育有机融合，进一步加深了学生对秋分节气的了解。2022 年 11 月，崇州市隆兴幼儿园开展了冬腌腊肉食育活动，教师讲解了四川冬季节气腌腊肉的习俗和腊肉腌制的方法，学生亲自动手腌制腊肉，观察记录腊肉腌制变化的过程，在学习腊肉腌制技艺的同时，更好地了解了巴蜀特色饮食文化。四川大竹县金娃娃幼儿园二十四节气食育课程更为系统全面。每个节气来临，该园均会讲解节气知识，体验节气食俗，制作节气美食，让学生整体感受中华二十四节气文化，了解二十四节气美食。此外，成都市第十八幼儿园举办了“园汁园味・食全食美”幼儿主题餐会，通过学生日常品鉴美食，感受中华饮食文化的无穷魅力。该园 2021—2022 学年下期主题餐会，设计了六大主题，分别为春分节气主题餐会、清明节气主题餐会、经典意式主题餐会、六一中式主题餐会、端午节主题餐会、期末欢乐大聚餐等。六大主题既体现了中华二十四节气文化，又注重中西饮食文化的比较交流，学生在品鉴美食的同时，对节气文化、饮食文化有了更深的了解。

三是通过制作品鉴家乡的特色美食，来感受家乡文化特色，传承家乡美食制作技艺，从小培养爱国爱家的情感。如乐山城北幼儿园开设了家乡美味制作体验课。教师首先给学生讲解了乐山特色美食豆腐脑的历史和文化，介绍了乐山豆腐脑的制作过程，之后学生亲自动手制作乐山豆腐脑，准备食材、调制汤汁、浇汤汁、撒上调味料，美味完成，学生在亲自品尝自己制作的美味的同时，掌握了家乡特色美食基本制作技艺，锻炼了劳动能力，加深了对家乡的热爱，培养了家国情怀。眉山仁寿县东街幼儿园将年糕制作作为该园食育传统特色活动，通过制作年糕将德育、美育、劳育有机结合。学生在老师的指导下，亲自动手制作、品尝年糕，绘制年糕图画，分享年糕相关故事，感受家乡特色美食的魅力。

3. 注重日常饮食，加强饮食礼仪与习惯教育

幼儿园阶段是规范学生行为、培养习惯、塑造品格的关键时期，是食育开展的起端，对整个人生的食育效果起到至关重要的作用。川渝地区比较重视幼儿饮食行为教育，积极通过学生一日三餐，做好生活融入式食育，其主要内容包括饮食能力、饮食礼仪、饮食习惯、饮食情绪等。在幼儿园小班、中班阶段，教师注重培养学生基本的饮食能力，如学会使用筷子、汤匙，学会盛取食物，学会进食食物，学会用饮水机接水等，同时，加强学生饮食行为习惯引导，做到饭前洗手、打饭排队、饭后漱口、清洁碗筷、整理餐桌等。至幼儿园大班阶段，更加注重饮食情绪、饮食礼仪的熏陶，教会学生乐于分享食物，珍惜食物，饮食不喧哗，不敲碗筷，做到长幼有序，尊敬长者，在此基础上，通过食物了解节日、节气、民俗等中华优秀传统文化，提高食育的深度和广度。通过一系列学生食育行为的引导规范，川渝地区幼儿园学生掌握了基本的饮食技能，良好饮食习惯正逐步养成，中华优秀传统饮食文化、饮食礼仪正逐步得到传承传播。

在加强饮食礼仪、饮食习惯教育方面的典型案例是成都市武侯区第十二幼儿园。该园非常重视学生饮食习惯的培养，通过游戏、奖励、儿歌、绘本等各种活动形式，引导学生爱惜粮食、遵守进餐规则、养成良好进餐习惯。如，遵守进餐规则的学生，可获得印章，通过积累印章获得奖品，提高了学生遵守进餐规则的积极性；教学生学唱《不挑食》《小勺子》《蔬菜水果歌》《小朋友要注意》等儿歌，在歌唱中培养了进餐的良好习惯；老师讲解《大公鸡和漏嘴巴》《我不挑食》《肚子里有个火车站》等儿童绘本，学生了解了食物的营养价值，掌握了吃饭要细嚼慢咽、不可暴饮暴食、吃健康食物等饮食知识；通过进行蔬菜消消乐游戏，有针对性地改善幼儿偏食、挑食的习惯。成都市郫都区德源新城第一幼儿园建立了一套科学规范有序的进餐礼仪，来引导规范学生的就餐行为。餐前，教师通过故事绘本、儿歌、趣味游戏等方式讲解饮食小知识、进餐礼仪等，提高学生对进餐的兴趣。学生先要洗手，然后有序排队取餐。进餐过程中，学生安静进食，细嚼慢咽，享受美食，要全部吃完美食，不偏食不挑食，杜绝食物浪费。进餐结束后，学生将餐具放到指定位置，做好餐桌清洁卫生。经过日常性餐饮礼仪教育，学生掌握了基本的餐饮礼仪规范，懂得了规则与秩序，逐步养成了良好的饮食习惯。重庆科学城龙茵幼儿园非常注重学生饮食行为教育，组织了“两餐两点”进餐教育活动。用餐环节有“我是小小报菜员”的教育活动，小小报菜员要报出所吃美食的名字，其他同学跟着复述；进餐环节有“进餐礼仪我知道”教育活动；教师和学生一起背诵进餐小口令“饭和菜，我都爱，全都吃，长得快”，帮助学生改掉偏食和挑食的毛病；同时，针对个别学生进餐时跪坐、歪着身子、跷二郎腿等不良姿势，教师及时提醒，引导、督促学生坐正身体、平放双腿，使用正确的就餐姿势；餐后环节有“整洁卫生做到位”教育活动，教师引导学生自己收拾餐桌，洗刷碗筷，餐具收纳到位等。经过一系列的餐饮教育

活动，学生了解了就餐礼仪基本知识，培养了良好的进餐能力和饮食习惯，对学生健康成长起到了重要作用。

4. 开展食育培训研修，提升教师食育能力

教师的食育能力和水平是幼儿园食育开展的核心要素。近年来，川渝地区幼儿园非常重视教师食育能力的提升，通过开展主题讲座、研讨会、公开课等多种形式对教师食育能力进行系统的培训，幼儿园教师经过系列培训，对食育认知更为深入，基本认清了幼儿食育的基本规律和特点，系统掌握了幼儿园食育内容及食育开展的方式方法，为幼儿园食育课程的开设和食育活动的创新实践提供了师资基础。

川渝地区幼儿园教师食育能力提升方式之一即开展食育培训。其培训主体多样，包括政府、高校、医院、科研院所等食育方面的专家学者，培训形式多为报告讲座，培训对象主要针对幼儿园教师和家长代表，培训内容丰富，包括食育认知、食品安全、营养膳食、烹饪技能、饮食礼仪、饮食文化等。通过集中专题培训，幼儿园教师及家长对食育有了更深的认识，食育能力不断提升。

2023 年 4 月，广安市岳池县示范幼儿园开展了食育课程培训，培训教师阐释了食育课程体系，包括食认知、食营养、食礼仪、食文化等；介绍了与学生饮食相关各种电器及工具材料的使用方法；讲解了蛋挞、戚风蛋糕、曲奇饼干等美食的制作方法，教师亲自参与了美食制作过程，经过一系列食育理论与实践活动培训，教师收获了食育专业知识，推动了食育课程探究。2023 年 9 月，四川省直机关婴幼儿园营养膳食及烹饪技艺提升培训活动在四川旅游学院圆满举办。本次活动以幼儿园食育教师为培训对象，主要围绕幼儿园膳食营养与健康、幼儿园美食制作两大板块进行培训，培训教师做了《学龄前儿童营养需求及膳食指南解读》专题报告，演示教授了幼儿园中式面点制作技艺，之后，参训人员现场进行了营养餐厨艺大比拼，评委做了点评和总结。本次培训有力提升了幼儿园食育教师膳食营养专业知识和能力，加强了理论与实践的结合，对促进省直机关幼儿园食育发展产生了积极影响。2024 年 3 月，阆中市第三幼儿园开展了食品安全专题培训。本次培训主要针对幼儿园食堂从业人员，重点从食品安全法律法规、食品卫生操作技能、食物中毒预防、食材加工与存储等方面进行了专门培训，培训过后，全体参训人员参加了食品安全答题考试。经过培训，幼儿园后勤人员强化了食品安全意识，增强了食品安全事件预防和处置能力，为保证幼儿园师生舌尖上的安全筑起了牢固屏障。

开展食育研讨交流活动是川渝地区幼儿园教师食育能力提升的又一重要方式。幼儿园教师在专家指导下，通过讲述食育故事，展示食育教学设计、反思食育教学效果等方式，相互切磋交流，取长补短，在研讨过程中，加深了对食育的认知，相互学习借鉴了食育先进经验做法。如成都市温江区永宁幼儿园开展了 2023 年春季食育课程故事讲述

活动，参赛教师讲解食育主题活动的实施过程、教师支持和课程反思等内容，幼儿园园长进行点评，分析食育过程中存在的问题与不足，帮助教师改进食育的方法，使教师在食育课程理念和实施方法上得到有效提升。2022 年 11 月，重庆市渝北庆龄幼儿园举办了家园膳食营养研讨会。本次研讨会特邀专家作了科学膳食专题讲座，同时，幼儿园行政团队、保健医生、班主任以及幼儿园膳食委员会全体家长就幼儿膳食及喂养等方面进行了研讨，达成了诸多共识。此次研讨会进一步提升了幼儿园对食育的重视程度，明确了食育开展的方向，推动了家校协同食育的实施。2024 年 6 月，四川天府新区第四幼儿园组织全体保育老师和厨房工作人员开展以“科学‘食’养，助力成长”为主题的营养膳食教研活动。全体教师围绕什么是健康饮食、健康食品的种类、如何更好地做好健康饮食教育等进行深入交流研讨，大家共同研究分析学生在饮食过程中存在的问题，探讨改进学校食育的方式方法，对健康饮食教育有了更为全面深入的认知。为了培养学生具备良好的饮食习惯，规范学生的进餐行为，2024 年 7 月，四川天府新区第九幼儿园组织保育教师进行了“班级进餐环节指导研讨”。研讨共包括两大环节，首先选取优秀教师进行幼儿饮食指导经验交流分享，之后，全体教师现场观摩了小班午餐进餐环节，大家在真实的幼儿进餐情境中发现问题、分析问题、解决问题，使研讨更具实效。通过本次研讨，全体教师进一步提高了对食育重要性的认识，增强了培养学生进餐礼仪和行为的能力，为学校食育高质量发展奠定了基础。

5. 举办丰富多彩的科普宣传活动，增强幼儿食品安全与营养健康知识和粮食安全意识

科普宣传是食育开展的重要方式之一。近年来，川渝地区幼儿园积极组织举办食物营养与安全、粮食安全等科普宣传活动。科普宣传活动时机恰当，一般与全民营养周、全国学生营养日、中国粮食安全宣传周等重要主题活动日相结合。科普宣传活动内容丰富，根据幼儿园学生的食物认知水平来设计，主要包括认识食物、食品安全、节约粮食等。科普宣传活动形式多样，一般采取幼儿园学生喜闻乐见的形式，如讲解食物故事、张贴食物图片、播放食物动画、体验食物互动游戏等方式，增强学生学习食物营养健康的兴趣。通过系列科普宣传活动的开展，川渝地区幼儿园学生了解了食物的营养素，认识了一日三餐的食物选择与搭配，掌握了基本的食品安全知识，记住了要吃干净卫生的食物，学会了查看食品保质期和营养成分分析表，了解了食物的性状特征，懂得了粮食安全的重要性，逐步养成了节约粮食、杜绝浪费的良好饮食习惯，为食育的深入开展奠定了基础。

川渝地区幼儿园食品安全与营养健康科普宣传活动的典型案例如成都教科院附属龙泉天鹅湖幼儿园，该园于 2022 年 5 月，在四川省 2022 年全民营养周暨“5·20”中国学生营养日期间，邀请四川省疾控中心营卫所教师给学生开展了“知食”小讲堂。通过

老师的讲解，学生对食物有了进一步的认识。2023 年 5 月，双流区西航港机场路幼儿园围绕 2023 年全民营养周暨“5・20”中国学生营养日主题开展了系列健康教育活动。本次活动通过讲述食育故事、张贴食育图片、LED 显示屏播放食物视频等方式，向学生讲解粮食的起源以及不同食物中的营养素等食育知识，学生加深了对粮食的了解，逐步养成了珍惜粮食、反对浪费的好习惯，认识到了偏食、挑食的危害。2023 年六一儿童节期间，蒲江县城南幼儿园开展了食品安全教育系列活动。在“小食品的安全”活动过程中，小朋友了解了要吃干净、有营养的食物，不去购买“三无食品”。在体验游戏、食品分辨的环节，小朋友认识了食品包装上的生产日期以及安全标志等，增长了食品安全知识。同时，小朋友争做健康小天使，向家长及亲戚朋友宣传食品安全知识，学以致用，增强了维护食品安全的责任感，推动了食育的开展。2023 年，蒲江县创新食品安全科普宣传形式，由县市场监管局组织幼儿园开展了食品安全生产暨食品安全知识宣传实地观摩活动。幼儿园学生走进蜡笔小新（四川）有限公司、成都正日老魔坊食品有限公司，现场观摩食品生产、包装、消毒等过程，企业工作人员详细讲解了生产环节的质量把控，开展了食品安全知识问答抢答有奖趣味互动。通过现场观摩食品安全生产，食品安全科普取得显著效果，学生食品安全意识进一步增强，食品安全知识进一步提升。

粮食是人们生活的必需品，粮食安全关系着国家的安全和人类的生存发展。为关心粮食、节约粮食，联合国设立了世界粮食日，中国设立了全国粮食安全宣传周，向普通民众科普宣传粮食的重要战略意义，形成全社会节约粮食、杜绝浪费的良好氛围。川渝地区幼儿园将粮食安全宣传纳入食育课程，通过举办丰富多彩的宣传活动，使学生了解认识粮食、爱惜粮食、节约粮食，进而锻炼学生的品德。重庆渝北区两江第一幼儿园开展了“珍惜粮食、厉行节约”活动，该活动内容丰富，包括张贴“节约光荣、浪费可耻”“关注食品安全、关爱学生健康”等宣传标语，组织粮食安全知识国旗下讲话，开展粮食安全主题活动课，进行光盘行动大比拼等，师生、家长共同参与，活动体验感、趣味性较强，帮助学生树立了文明就餐、节约粮食、厉行节约的良好意识。2023 年 10 月，泸州市叙永县叙永镇东城幼儿园开展了“全国粮食安全宣传周”主题活动。幼儿园教师将小麦、玉米、水稻、花生等农作物带到教室，让学生对粮食有具体形象的感知。之后，教师采取讲故事的方式，描述了一粒粮食的生长过程、农民伯伯的辛勤劳动、一粥一饭的来之不易。活动结束后，学生将节约粮食付诸行动，做到吃饭光盘，不浪费一粒米，本次活动科普宣传取得实效。同月，宜宾市南溪区幼儿园开展了以“践行大食物观 保障粮食安全”为主题的世界粮食日和粮食安全宣传周主题教育。本次活动通过观看视频、绘画、古诗朗诵、歌唱、讲故事、发放宣传手册、比赛等多种形式，教育引导学生不挑食、不剩饭、做到光盘、争做守护粮食安全小使者，增强了学生爱惜粮食、节约粮食的责任感，培养了学生勤俭节约的生活方式。

（二）小学食育课程有序开展

小学是义务教育的起始阶段，2022年，教育部制定的《义务教育劳动课程标准》颁布实施，川渝地区各小学积极行动，设置劳动课程，劳动教育课每周不少于1学时，努力开发劳动校本教材，将食育作为劳动教育的重要内容进行规划、布局、实施。日常生活劳动、生产劳动中均有食育相关内容，通过劳动教育的开展，川渝地区小学食育渐成体系，学生掌握了一定的食材种植养殖技术和饮食烹饪技艺，劳动意识和劳动能力得到加强。同时，川渝地区小学食育活动精彩纷呈，饮食礼仪培训、营养健康科普宣传、饮食研学游等普遍开展，学生对食育有了进一步认知，掌握了一定的饮食知识，增强了饮食基本能力，提升了饮食素养。

1. 将食育纳入劳动教育课程，提高了学生饮食技能

小学劳动教育课程中包含着丰富的食育内容，概括起来主要有厨房器具的整理与使用，食物的烹饪制作以及食材的种植养殖等。近年来，川渝地区小学非常重视劳动课程建设，认真贯彻落实《关于全面加强新时代大中小学劳动教育的意见》《大中小学劳动教育指导纲要（试行）》等文件要求，结合川渝地区劳动教育实际情况，编辑出版了劳动教育课程教材，配足劳动教育教师，上好劳动教育课，举办劳动教育实践活动，经过持续的努力，川渝地区小学生逐渐养成了爱劳动的习惯，具备了一定的生活独立能力，形成了热爱劳动、崇尚劳动的良好氛围。

小学劳动教育课程中的饮食教育可分为低年级食育和高年级食育两个阶段。小学低年级食育内容之一是认识、整理、清洁厨房餐具，如炒锅、铲子、漏勺、碗筷等，讲究厨房卫生，养成良好的收纳整理习惯。小学低年级食育内容之二为学会烹制简单的菜肴，从食材清洗选择开始，运用蒸、煮、凉拌等简易烹饪方法，经过简单调味，即可成菜。川渝地区小学烹制菜肴，强调地域特色，往往教学生制作特色川菜。如《劳动教育》（四川民族出版社）中，设置了蒸芙蓉蛋、制作小面、做凉面、配置小面调料、制作水果拼盘、制作鸡蛋蔬菜沙拉等，在传授学生烹饪技法的同时，有效传播了川菜文化。小学低年级食育内容之三为学会常见食材的生产方法，包括种植大蒜、葱、生菜、油菜、蚕豆、辣椒、豆芽和养殖蚕等，注意观察食材的生长变化，了解食材的习性，培养对动植物的喜爱之情。

小学高年级食育是在低年级食育基础上开展的，更加注重提升学生的饮食技能，培养学生养成爱劳动的习惯。其食育内容之一为学会使用家用烹饪电器，如燃气灶、电饭煲、微波炉、电冰箱等。《劳动教育》（四年级上册）讲解了熟悉微波炉的使用，包括微波炉的发明、认识微波炉、使用微波炉以及巧用微波炉烤土豆等[①]。通过学习，学生掌握

① 编委会.劳动教育［M］.成都：四川民族出版社，2021：27—35.

了微波炉的使用方法，提高了饮食制作能力。其食育内容之二为运用炒、煸、烧、炖等烹饪方法，制作常见的川菜特色菜肴，如鱼香肉丝、酸辣土豆丝、干煸四季豆、土豆烧肥肠、番茄炒鸡蛋、煎蛋面等，学生在教师的指导下，自己准备工具和材料，亲自动手体验烹饪过程，品尝劳动成果，课后交流分享烹饪感受，做好总结。其食育内容之三为学会数种常见蔬菜、水果种植方法（如白菜、西红柿、黄瓜等）以及常见禽畜养殖方法（如兔子、鸡、鸭、鹅等）。学生不仅观察记录动植物食材生长变化过程，还要掌握食材生长管理基本方法，了解病虫害防治等。

川渝地区小学将食育与劳育有机融合做得比较好的学校，如成都市双流区实验小学外国语学校，该校建立了一整套从低年级到高年级的食育课程，逐步提高学生的劳动能力，锻炼学生的饮食生活技能。针对一二年级学生，从打扫清洁厨房卫生做起，培养学生具备食品安全卫生意识。同时，指导学生学习制作简单的饮食品，如煮稀饭、蒸馒头等。针对三四年级学生，注重锻炼学生美食创意设计能力，让学生大胆发挥想象，制作创意水果拼盘，使食育与美育有机结合。针对五六年级，努力提升学生营养配餐能力，指导学生设计营养健康食谱，注重饮食的合理搭配。成都市郫都区绵实外国语学校劳动课程特色鲜明，该校将认识食材、烹饪制作、美食艺术等食育内容纳入劳动课程，有力提升了学生饮食综合素质。一年级的劳动课程是萌宠乐园，让学生与鸡、鸭、鹅等家禽亲密接触，通过饲养、照顾、观察家禽的成长，感受人与动物的和谐相处，掌握家禽养殖的基本知识。二年级的劳动课程为创意种子画，学生将五谷杂粮拼成各种创意图画，进一步加深了对粮食作物的认识。三年级的劳动课程为萝卜总动员，学生亲自参与萝卜种植、养护、采摘、制成萝卜干的全过程，感受食材种植到美食制作劳动的艰辛和喜悦。五年级的劳动课程为“画说食谱”，学生将掌握的食物烹饪技艺用图画的形式展现出来，用美育的方式锻炼了学生饮食生活能力。

此外，川渝地区小学劳动课程中的食育往往采取家校合作协同方式开展。学校每周一课时的劳动课，重点在于讲解方法、布置任务、总结评价等，学生大部分的劳动内容需要在家中，由家长协作完成。教师、学生、家长有机统一，形成闭环，符合食育情景式、体验式、长期性等要求，保证了食育的持久效果。

2. 开设饮食类社团课程，培养学生对饮食的兴趣

小学社团课程是培养学生兴趣，提升学生综合素质的重要方式。近年来，川渝地区小学努力将食育与社团课程有机融合，利用小学延时托管时间，开设饮食兴趣班，培养学生良好饮食习惯，提升学生饮食技能，训练学生饮食礼仪，传承中国饮食文化。

川渝地区小学饮食类社团课程主要有两大类，即烹饪课程与茶文化课程。烹饪课程内容丰富，形式多样，参与性和体验感强，深受学生喜爱。教师一般采取情景式教学方式，创设逼真的厨房场景，在讲解、演示食物制作技艺的同时，注重融入食品安全、营

养健康和饮食习惯的教育，学生亲自动手制作、品鉴食物，加深了对食物的认识，培养了对烹饪的兴趣，提高了劳动能力。如成都市实验小学西区分校于2023年下半年开设了魔幻厨房社团兴趣班，小学生报名踊跃，成功开班。第一堂课学习内容为制作生日蛋糕。学生首先学习认识了制作蛋糕的工具如搅拌器、烤模、烤箱、刀具等和制作蛋糕的原料如牛奶、鸡蛋、面粉、奶油、水果等。其次，学生在教师的指导下，亲自动手制作奶油、蛋糕坯子、裱花等，最后教师对学生的作品进行了总结点评，学生将自己制作的蛋糕带回家与家人分享。通过本节课的学习，学生不仅掌握了蛋糕的一般制作过程，同时，了解了中国的生日习俗，加深了对中西方饮食文化的认识，体验到了与他人分享食物的喜悦。成都市红牌楼小学烹饪社团课程创意十足。该校努力打破文化课程与社团课程之间的壁垒，深入拓展社团课程的教育功能，以美食为核心，将做美食、写美食、画美食、唱美食等形成整体，全面锻炼学生德智体美劳。如该校烹饪社团课程内容之一为炒四川回锅肉，本课的主题为学做回锅肉比厨艺，描写回锅肉展文采，说唱回锅肉品韵味。在学生亲自制作、品尝回锅肉之后，教师指导学生以四川回锅肉为话题，或描述回锅肉的美味，或讲述回锅肉的故事，或展示回锅肉文化进行作文写作，提升了学生的语言文字表达能力。最后，学生根据自己的特长，将回锅肉绘制成一幅画或编成一首歌曲，在提升自己艺术创作能力的同时，很好地传承传播了川菜文化，增加了家乡情结。

川渝地区小学饮食类社团课程第二大类为茶文化课程。川渝地区茶文化历史悠久、源远流长、内涵深厚，这里是中国茶文化的发祥地，诞生了蒙顶山茶、峨眉雪芽、竹叶青、宜宾工夫红茶、重庆沱茶、巴南银针、涪陵白茶等著名品牌。近年来，川渝地区小学积极依托当地茶叶资源优势，开设茶艺兴趣班，进行茶礼培训，传承传播中国茶文化。川渝地区茶文化课程内容系统完整，学生不仅学习中国茶的历史，茶叶的分类与品牌，茶叶的生产与制作等知识，而且亲自体验茶树种植、茶叶采摘、茶水冲泡等技艺，还要传承中国茶礼，体会中国茶精神内涵等。经过系统学习，学生培养了对茶文化的兴趣，增长了茶文化知识，了解了茶礼茶俗，有助于传承中华优秀传统文化。

2022年3月，宜宾市叙府实验小学举行了“劳动创造智慧 体验生命成长”茶文化劳动实践课程启动仪式。启动仪式上，学生观赏了茶艺表演，参观了校园茶文化布展，体验了茶树种植过程。之后茶文化劳动实践课程将依次开展种茶、养护、采茶、炒茶、制茶、品茶等学习内容，让学生在茶文化的学习过程中，开拓视野、增长知识、陶冶情操、培养审美情趣及礼貌待人的品格。2023年8月，重庆市两江新区云慧小学开学典礼新颖别致，小学一年级新生入学，要向老师敬一杯茶，表达尊师重教之义，并由此开启茶文化课程学习。该小学是重庆市茶文化进校园示范基地，开设有“茶趣”课程，课程内容包括茶知道、茶工艺、茶礼仪、茶文化、茶之道等五大模块，学生通过学习，增加了对中国茶文化的了解认识，行为礼仪、道德修养、审美情趣等方面也得到了提升。

2023年，重庆市渝中区中华路小学竹园校区举办了“拥抱自然，茶韵古香”特色茶文化研学课。教师带领一二年级学生走进巴南二圣镇定心茶园开展了情景式茶文化教学。学生细心观察茶树生长形态，亲自动手采摘茶叶、制作茶叶，绘制了茶叶画，学习了饮茶礼仪，对中国的茶文化有了全面深入的认识，增加了劳动素质和技能。

四川雅安市作为中国茶文化的发祥地，充分发挥地方特色资源优势，传承弘扬蒙山茶文化，开展了茶文化进校园系列活动，有机融入了小学劳动课程。名山区蒙顶山实验小学开展的茶文化进校园活动成效明显。该校努力打造沉浸式茶文化课程。一是设立了茶文化浮雕墙、五彩茶园、茶艺展示栏等突出茶文化元素的校园主题景观，打造茶文化育人环境。二是开发了《润雅茶系课程读本》，该读本涵盖了茶诗赏析、茶画工艺、茶艺茶技、劳动实践体验、创新拓展和行走的课堂等课程内容，为茶文化课程实施提供重要教材支撑。三是开展校企合作，将名山正大集团茶叶有限公司建成学生校外劳动实践基地，每年组织学生到基地学习茶叶种植、生产、加工、销售全过程。四是组织学生成立了蒙山茶技艺术团，开展茶技、茶艺、茶礼、茶舞学习培训，积极传播蒙山茶文化。通过一系列特色活动的开展，学生增长了茶文化知识，掌握了一定的茶礼茶艺，了解了茶文化精神，对培育家国情怀，传承弘扬中华优秀传统文化也产生了积极影响。

3. 开展食育多样活动，提升学生饮食素质

川渝地区小学注重开展形式多样的食育活动。这些食育活动举办方式灵活，主题突出，学生参与性强，食育效果比较明显。一是开展食品安全营养宣教活动。食以安为先，校园食品安全是饮食教育的基础和前提，近年来，川渝地区小学非常重视食品安全及营养教育，聘请相关专家到校举办食品安全及营养教育讲座，印制发放食品安全与营养知识宣传手册，举办食品安全与营养知识竞赛、演讲比赛、绘画比赛等，多措并举，小学生食品安全与营养知识得到增长，校园食品安全意识得到增强，防范食品安全风险能力得到提升。

2023年5月，食品安全进校园宣传活动在成都市成华小学开展，此次活动共设置了知识展览、知识闯关、动手实验、自制奶茶、食育体验、答题挑战、营养绘画七项创意食品安全实践项目，学生在学中玩，在玩中学，有效提高了全体师生的食品安全素养和自我保护意识。又如南充市涪江路小学开展了跨学科创意课程，将食育与语文、数学等文化课程有机融合起来。在数学课堂上，学生认真制作食物的营养成分表、配料表及食物烹饪的时间表等，在学习练习百分比、重量单位、时间单位的同时，对食物的营养元素有了进一步的认知。2023年11月，绵阳市塘汛小学开展了食品安全主题班会。主题班会上，教师通过生动的案例，向学生讲解了食品安全和膳食营养知识、食物中毒的表现及预防、科学健康饮食的方式方法等，学生积极发言，交流对食品安全的认识，反思自己不健康的饮食表现，表达了树立健康饮食行为的决心。本次主题班会特色突出，

成效明显，有力提升了学生食品安全意识，进一步筑牢了校园食品安全防线。2024 年 5 月，重庆市巴蜀小学举办了“全民营养周暨中国学生营养日”活动。本次活动形式新颖，内容丰富，包括开设“奶豆添营养，少油更健康”科普讲座，设立营养膳食宝塔和“万惊油”零食展板，发放《中国学龄儿童膳食指南》《家有小学生的营养早餐》《孩子这样吃，更长高》等营养书籍，举行营养趣味游戏，品鉴营养餐等，学生对营养相关知识有了更为全面深入的了解，逐渐养成了科学的营养膳食习惯。在 2024 年中国学生营养日期间，泸州市纳溪区合面小学举办了食品营养科普宣传活动。学生认真学习了《儿童青少年肥胖食养指南（2024 年版）》，了解了儿童肥胖的表现及其危害，认识了健康饮食对预防肥胖的重要意义，对偏食、挑食、喜食油炸食品等不良饮食习惯决心摒弃。同时，学生参观了《每天摄入奶及奶制品》等科普营养展板，学习了大豆和奶制品营养成分、食用油的种类及合理用量、食物种类科学搭配等知识。此外，该校还通过国旗下演讲、校园广播、黑板报、LED 显示屏、微信公众号等方式，宣传食物营养健康知识，引导学生逐步养成科学营养健康的饮食习惯，推动校园食育取得实效。

二是积极举办特色校园美食文化节。美食节是小学生最感兴趣的食育活动之一。近年来，川渝地区小学积极举办校园特色美食节，将美食节与地方特色美食文化、中华二十四节气、中国传统节日饮食习俗等有机融合，师生共同参与美食制作，共同分享品鉴美食，共同设计美食文化活动，锻炼了饮食烹饪技艺，加深了对家乡美食的了解，塑造了校园文化品牌，有效传承传播了中华优秀传统文化。

2022 年 12 月，成都天立学校举办了制作年糕鱼的食育活动，教师首先讲解了年糕鱼的来历及文化特征，接着一年级小学生亲自动手制作年糕鱼，上锅蒸制，最后共同分享食用年糕鱼，在锻炼学生食物制作能力、创造美好生活能力的同时，有效传承了中国饮食文化，培养了学生对中国传统节日的兴趣。2023 年 3 月，重庆市两江新区童心小学毕业班举办了食育文化节。本次食育文化节以制作重庆火锅为主题，学生挖掘梳理重庆火锅的历史，了解重庆火锅的制作方法，准备火锅食材，现场涮火锅、吃火锅，在热汗淋漓、大快朵颐的同时，增加了学生对重庆火锅的热爱，进一步培育了家乡情结。2023 年 11 月，宜宾市筠连希望小学举办了第一届校园美食文化节。本次校园美食文化节充分发挥学生的主体作用，学生自己设计美食食谱、制作美食、绘制美食海报、宣传展销美食，钵钵鸡、椒麻鸡、烤串、小糕点等各种美食琳琅满目，学生在品鉴、售卖美食的过程中，了解了饮食文化，体会到了劳动的乐趣。2024 年 4 月，达州市达川区实验小学举办了以“共享劳动创造的美好‘食’光”为主题的第二届校园美食节活动。本次校园美食节以川菜为特色，各年级围绕川菜设计制作美食，展示了川菜的多样品类和丰富内涵。一至五年级美食主题分别为“记忆中的美食故事”“传统节日美食汇”“绿色健康餐”“家乡的味道”“街头烟火气”等。本次校园美食节的举办，培养了学生制作美食的兴趣，增强了爱劳动、爱家乡的情怀，有力传播传承了川菜文化。成都市高新区锦城小学校园美食节国际范十足。该校已连续举办多期国际校园美食节，学生在老师的指导下，亲手制作意大利比萨、日本寿司、墨西哥烤肠、韩国炸鸡等国际美食，同时，还设计美食小报、布置美食场馆、讲解美食文化，加深了学生对世界饮食文化的了解认识，培养了国际视野，推动学生以更加开放的姿态拥抱世界。

三是举办食育相关研学游活动。近几年，川渝地区小学研学游逐渐兴起。各学校一般以年级为单位，组织学生到饮食文化类展馆（如中国川菜博览馆、川菜文化体验馆、成都川菜博物馆、中国泡菜博物馆）及其他以饮食文化为主题的博物馆考察学习，了解川菜发展的历史、挖掘川菜文化内涵，体验川菜制作技艺。通过饮食研学游，学生学习了饮食相关知识，对巴蜀饮食文化有了更加全面深刻的认识，感受了中国饮食文化的魅力，掌握了饮食制作技能，为传承弘扬中华优秀传统文化奠定了基础。

2023 年 4 月，四川天府新区白沙小学组织一到三年级同学到川菜博物馆参加研学活动。学生学习了川菜发展的历史，了解了川菜相关器具及文物，观赏了川菜制作技艺，最后现场动手制作了非遗美食麻花和军屯锅盔，传播了川菜非遗。通过此次研学游活动，学生感受到了川菜文化的博大精深，培养起对川菜非遗传承的兴趣，厚植了热爱家乡的情怀。同月，眉山市东坡区张坎小学赴中国泡菜城开展了“习泡菜非遗”研学实践教育活动。学生来到东坡泡菜非遗体验基地，在教师指导下，动手体验泡菜传统制作技艺，感受了泡菜制作过程中的工匠精神，体验到饮食劳动的艰辛和乐趣，有力传承了地方特色饮食文化。同月，成都市胜西小学开展春季研学活动，学生走进四川旅游学院烹饪与食品实验实训中心，化身小厨师，穿上整洁的厨师服，学习遵守烹饪实训规范，动手制作了川味美食，在感受精益求精的工匠精神的同时，锻炼了劳动能力，培养了劳动品质。2023 年 5 月，南充市孔迩街小学组织三至六年级的学生赴阆中开展“品味古城历史传承非遗文化”主题研学旅行实践活动。学生认真参观了阆中保宁醋文化博览园，了解了中国醋的历史和保宁醋的发展历程，动手体验了研磨大米、玉米、麦麸等保宁醋传统酿造技艺，认识了保宁醋品牌。通过本次研学，学生对家乡的美味保宁醋有了更深的了解和热爱，对川菜非遗保护传承增强了责任感和使命感，有力传播了川菜调味品文化。2023 年 10 月，内江市第十一小学校开展了以“绿色德育谱新曲，传承蔗乡糖文化”为主题的研学实践活动。该校五六年级学生来到研学实践基地，学习了内江蔗糖种植相关知识，走进甘蔗林采摘甘蔗，尝试了古法熬制糖技艺，品鉴了甜城特色美食，对内江甜城文化有了一次沉浸式感受体验，此次活动培养了学生的劳动实践能力，增强了对家乡的热爱之情。2023 年 12 月，彭州市濛阳小学走进蔬菜博览园开展了研学活动。学生全方位参观考察了蔬菜博览园，学习了中国蔬菜种植历史，了解了一粒种子长成蔬菜的变化发展过程，感受了无土栽培现代蔬菜种植先进技术，对蔬菜加深了认识，有力推动了食材文化的传承传播。2024年4月，绵阳市游仙区剑南路小学来到江油市清香园酱文化博览园开展了以“探寻酱香文化　传承中华文明”为主题的研学活动。学生了解了中国酱油发展的历史文化，对中坝酱油创始人冯道人行了祭拜之礼，体验了打酱油趣味活动、亲手研磨豆浆制作豆腐、打年糕、烹制小糕点。经过知识学习和实践体验，学生对中国酱油文化有了更深的认识，锻炼了美食制作技艺，锤炼了品德，促进了自身综合素质的提升。

（三）中学食育能力持续强化

中学包括初中和高中两大阶段。川渝地区中学食育是在小学食育的基础上有序开展的。这一阶段，学校食育课程更加注重校本教材的开发，突出地区饮食文化特色；食育课上课时间增加，部分学校烹饪课每周增加至两课时；食育场地更为丰富，学校食堂成为烹饪教室，校园空地成为食材种植养殖教育基地；食育与文化课程结合更为紧密，德智体美劳五育并举、协同推进的理念进一步凸显。经过一系列食育措施的实施，川渝地区中学生烹饪技能得到提升，掌握了一定的营养餐设计与制作方法，进一步了解了先进的食材生产技术，具备了基本的食品安全意识和营养膳食的能力，逐步养成了吃苦耐劳的劳动品质，具有一定的劳动自立意识和主动服务他人、服务社会的情怀。

1. 深化食育课程建设，突出初中生食育效果

初中学生食育在小学食育的基础上，更加注重拓展食育课程的深度和广度，打造多类型食育载体，努力提升学生饮食综合素质，主要表现为以下两个方面。

第一，丰富烹饪课程内容，提升学生综合烹饪素质。

川渝地区初中学校比较注重食育课程建设，努力按照《义务教育劳动课程标准》要求，结合本校实际情况，设计开发食育校本教材。食育校本教材更加强调烹饪课程系统性和完整性，内容包括了食品安全营养、烹饪基本知识、菜肴制作技艺以及中国饮食文化等，从理论和实践两大方面对学生进行全方位的烹饪教育。2021年9月，成都七中实验学校食育文化特色校本课程正式开班。该校根据五育融合和学生实际，将教师与厨师身份有机融合，厨师变教师，教师成厨师，学生系统学习食物的来源及其营养价值、食物烹饪技术和中国饮食文化知识，努力培养学生形成终身受益的生活能力和文明生活方式。成都市温江区二十一世纪学校开发了厨艺课程校本教材，该教材包括烹饪基本理论知识和菜品制作技艺，要求全校学生学会做32道菜肴。依托该教材，每节厨艺课都有完整的课程体系，包括：课前精心准备原材料；课中讲解菜品的特色、营养、烹饪技艺，在菜品制作技艺演示之后，学生分组进行菜品烹饪实训；课后教师总结点评，学生分享品鉴劳动成果。该校食育课程系统性强，既使学生增加了烹饪食品专业理论知识，又让学生提升了烹饪技能。成都市武侯区盐外芙蓉学校设计推出了《小小厨艺》校本教材，该教材特色鲜明，内容丰富，理论部分包括讲解学习世界饮食文化、西方饮食文化、中国

饮食文化（八大菜系）、巴蜀饮食文化（川菜文化）、成都饮食文化，实践内容包括中华传统节日食品制作、日常小吃制作、地方特色川菜制作和简单家常菜制作等。通过教材学习，学生不仅能够掌握各类菜点的制作技艺，而且增加了传承弘扬中外饮食文化的责任使命。

不断提升烹饪课程深度和广度，教师在讲解、演示菜点制作技艺的基础上，延伸拓宽课程内容，对菜点的历史文化、营养价值、成菜特征、发展历程等进行讲授，使学生加深对菜点的认识，掌握菜点烹饪工艺的同时，理解菜点的文化内涵。成都市新川外国语学校开设了“健康烹饪”一课，每周一课时，教师系统讲解川菜历史渊源、食材原料、菜品烹饪技巧、营养搭配等内容，使学生对川菜有了更为系统的了解。遂宁中学开展的食育课，不仅教给学生们如何烹饪美食，也让学生们理解了健康饮食的重要性，并懂得了如何控制热量和调整膳食搭配。四川大学附属中学新城分校将烹饪技艺教育与食品安全、营养膳食科普有机融合，推出了以“健康饮食与烹饪”为主题的食育课程。该课程每周开设一次，每次时长为 90 分钟。教师在讲解演示菜品制作技艺的同时，穿插讲授食物营养、食品安全、科学饮食等方面的知识。经过学习，学生不仅掌握了菜品基本制作技艺，养成了良好的烹饪卫生习惯和食品安全意识，而且能够独立设置一日三餐的营养食谱，提升了科学营养膳食的技能。成都市盐道街中学外语学校将烹饪课程与中国传统节日、二十四节气有机融合，在传统节日、节气来临之际，指导学生制作传统节日、节气特色美食，如元宵节学习制作元宵，清明节学习制作青团，端午节学习制作粽子，中秋节学习制作月饼，冬至学习制作羊肉汤等，在锻炼提升学生烹饪技能的同时，加强对中国传统节日文化、二十四节气文化、民俗文化的宣传讲解，有力传承弘扬了中华优秀传统文化。

不断增强初中学生烹饪操作规范化、标准化意识，强化烹饪课程作业考核，制定完整规范的考核流程，考核内容包括烹饪课前准备、烹饪器具操作规范、菜点成品特征、烹饪卫生习惯、课堂综合表现等，实行打分制，这样不仅能够检验学生烹饪基本技能，还有利于培养学生烹饪基本规范，养成良好的烹饪卫生习惯，进而提升学生综合烹饪素质。如成都市温江区二十一世纪学校开设的厨艺课，其考核方式和评价标准包括菜品制作成绩、操作过程的规范和安全评分、学生出勤率以及课堂综合表现等。在新川外国语学校开设的“健康烹饪”课程上，老师会根据课堂出勤、操作过程、知识点记忆、日常成果等进行评估打分，占 60%；期末菜品综合制作比拼、评委现场打分等占 40%。

同时，川渝地区初中学校注重烹饪课程与文化课程的结合，强化课程之间交叉渗透，使学生认识到食育并非孤立的，其与科学文化知识紧密相关，体现于人们的日常生产实践活动。如，井研县高滩初级中学校开展的食育课将馒头和米酒的制作与生物课程相结合，学生探究酵母菌与葡萄糖生成二氧化碳和酒精的原理等。成都市龙泉驿区向阳桥中学鼓励不同学科教师有意识地穿插食育知识。在地理课学习不同国家及地区的相关知识时，教师带领同学们课下动手制作当地特产美食，使学生更好地了解地区特色饮食文化；在科创课制作纸火锅时，同学们感受到了科技艺术与美食的融合；在语文课中，老师倡议学生不仅要会做食物，还要会给美食取一个富有创造力的名字，让食物不仅打动味蕾，还要打动人心；在化学课后，老师鼓励学生为母亲制作营养早餐，并配上营养元素名称。成都石室中学初中学校的食育课别开生面，由语文老师和历史老师共同带队到成都川菜博物馆考察学习，将语文课、历史课、食育课三课联动。学生在参观川菜博物馆的过程中，了解川菜的发展历程，增加了历史知识，通过撰写考察学习心得体会，提高了自己的作文能力。

通过一系列烹饪课程的开设，川渝地区初中学生提高了食品安全意识，增强了食品安全防范能力，掌握了一定的烹饪营养膳食知识，能够根据家庭人员身体情况设计营养食谱，更加注重一日三餐的营养搭配，具备了制作常见川菜特色菜肴的技能，提高了烹饪操作的基本规范性，从而加深了对中国饮食文化的了解和热爱。

第二，积极整合资源，拓展学校食育场所。

近年来，川渝地区初中学校比较重视食育载体建设，积极利用一切可利用的资源开展食育工作。一是建立学校劳动生产基地，进行食材种植养殖教育；二是认真做好家校联合，将学校食育场地延伸到家庭；三是将学校厨房、食堂打造成食育教室，对学生进行综合饮食素质教育。通过一系列措施的实施，川渝地区初中学校食育资源更为丰富，食育载体得到有效整合，学生食育条件保障更为充足。

食材种植养殖教育是食育的重要内容，也是中学生劳动课程的重要组成部分。川渝地区初中学校积极将食育与劳动教育有机融合，注重提升学生食材种植养殖能力，培养学生的劳动技能，为学生开辟出一方劳动生产的小天地。川渝地区初中学校劳动基地主要包括两大类，一类是充分利用校园空地资源，打造校园劳动生产基地。如成都市龙泉驿区向阳桥中学建有“向阳农场”，成都市中和中学建有智慧农场开展劳动教育体验活动，四川天府新区师一学校打造35亩劳动教育实践基地，成都市温江区第二中学校建有学生田园，自贡市第三十四中学校建有包括学生种植区、教师种植区、师生果园、百花园、研学园和逸趣园六个功能区域的劳动实践基地，重庆市聚奎中学校打造了“耕梦园”劳动教育实践基地，乐山市沐川县沐溪初级中学建立了20亩劳动教育基地等。第二类是学校与其他单位合作，设立校外劳动实践基地。如巴中市通江县涪阳中学在学校周围向农户租赁了5亩土地建成劳动教育基地，成都市第七中学初中学校与丹棱县齐乐镇宿场村合作，建立了农业生产劳动实践基地，重庆市合川云门中学与重庆云嘉高粱种植股份合作社签署合作协议，共建学校农业劳动实践基地，绵阳市梓潼县建成了首个千亩中小学生劳动教育实践基地，供绵阳市中小学劳动实践课程使用。学生在劳动教育基地中进行开荒、松土、播种、浇水、施肥、除草、采摘、收获等全环节食材生产，参与全方位农业劳动的过程。同时，食材生产劳动突出川渝地区地域性特征，根据川渝地区地形地貌、气候物象等自然条件，重点种植川渝地区特色食材，如萵笋、油菜、儿菜、折耳根、空心菜、莲花白、豌豆尖、蚕豆、辣椒、花椒等，使学生了解食材生产与地理环境的紧密关系，增强了对家乡食材的热爱情结。

家庭厨房成为校园食育的延伸场所。川渝地区初中学校注重家校联合开展食育教学活动，将家庭厨房作为学校食育教学的第二课堂。学校一般在劳动课堂上讲解、演示菜肴制作工艺，然后利用节假日及周末时间，布置家庭烹饪劳动作业，学生在家长的指导下，亲自动手制作所学菜肴，实践烹饪工艺，做好厨房清洁工作，完成劳动作业，将烹饪劳动实操的过程拍照或录像上传至班级群，由教师进行点评总结。达州市第一中学校初中部从 2017 年开始，给全体学生布置家务作业——烹饪。学生在家长的指导下，亲自完成菜品制作，并认真撰写烹饪心得体会，提升了学生的饮食制作能力。成都市龙泉驿区大面中学校比较重视家校联合食育。该校在劳动课后布置了“有趣的劳动教育作业——有滋有味的劳动教育作业”，要求学生周末在家与家长一起烹饪地道川菜，水煮肉片、回锅肉、芋儿排骨、宫保鸡丁等一道道川菜由学生制作而成，增强了学生对家乡美食的热爱。重庆市北新巴蜀中学校将传统节日与家庭劳动教育相结合，在中秋假期，布置了以“品中秋雅韵，享劳动欢愉”为主题的中秋劳动教育任务清单。学生劳动任务丰富，包括清洁厨房、烹饪美食、制作创意果盘、制作中秋主题书签等。通过劳动，锻炼了学生美食制作及创意能力，提升了美食鉴赏水平，弘扬了中华优秀传统文化。重庆市天星桥中学开展了“暑期我当家”家庭劳动实践活动。该活动要求学生在暑假期间帮助父母做家务，比如打扫厨房、清洁餐具、制作川菜等。劳动结束后，学生需要认真填写劳动教育时间记录表，包括劳动现场照片、劳动介绍及心得体会。学生不仅减轻了父母家务劳动负担，还培养了烹饪能力，受到了感恩教育。川渝地区家校联合食育的模式，大大拓展了食育空间，有效改善了学生烹饪技能提升的条件，推动食育与学生家庭日常生活相结合，提升了学生日常生活劳动的能力，同时，对拉近亲子关系、培育学生家国情怀等具有重要作用。

着力将学校厨房及食堂打造成食育实践基地。学校厨房、食堂是学生饮食的主要场所，同时，也是食育实践开展的重要载体。川渝地区初中学校非常重视打造学校厨房、食堂，充分发挥其育人功能，努力使其成为劳动课程的重要基地。学校厨房成为学生烹饪技能实践基地，学生走进厨房，观摩菜肴制作技艺，了解烹饪操作设备，学习食品安全知识，通过亲自进行菜肴制作实践，学生能够熟悉烹饪工艺基本流程，掌握烹饪设备设施操作规范，体会到参与烹饪劳动的艰辛与光荣。成都冠城实验学校将学校厨房建设成为膳食管理中心，学生每学期都要到学校厨房参观学习，厨师变身成为食育教师，为学生演示、讲授烹饪相关知识，学生在真实的烹饪操作情境中有效学习了烹饪技艺。同时，学生走进食堂，成为后厨小帮工，帮助食堂工作人员分发饭菜、清洁卫生、整理餐具、回收餐厨垃圾等。2022 年 10 月，雅安中学开展了“走进食堂”学生劳动教育实践活动。初中学生走进学校食堂，参观了食材的储存间、加工间、烹饪区、餐具清洁消毒间，了解了食物保质、变质、检测等食品安全知识，之后，学生帮助食堂工作人员制作菜品。该校食堂成为学生绝佳的劳动基地，为食育开展创造了优良条件。2024 年 4 月，内江市第六中学初一学生走进学校食堂，开展了《美好食光》校本教材学习。在研究完菜谱之后，学生在教师的指导下进行了川菜宫保鸡丁的制作，之后，大家共同品鉴了劳动成果。该校食堂很好地发挥了劳动育人功能。重庆市巴蜀中学校将劳动课程搬到食堂，学生在教师的指导带领下，走进食堂进行打扫卫生、清洁整理及餐具回收等劳动，经过一段时间的食堂劳动锻炼，学生更加注重饮食卫生，逐渐养成了珍惜食物、杜绝浪费的好习惯，更加热爱劳动、崇尚劳动、参与劳动，吃苦耐劳、团结协作、独立自强的劳动品质得到增强。

2. 协同推进，提升高中生食育深度和广度

川渝地区高中学生食育不断加强饮食研发设计教育，注重使学生了解认识食材现代生产技艺，主要表现在以下两个方面。

第一，积极建立食育体系，提升高中生营养餐设计制作能力。

川渝地区高中学生经过幼儿园、小学、初中食育的开展，其食育基础比较扎实，具备了一定的食品安全及营养膳食知识，掌握了一定的烹饪技能。高中学生食育开展逐渐向纵深化发展，努力搭建食育体系，提升营养餐食设计制作能力，传承弘扬中国饮食文化。

在食育教材建设上，四川德羽商学院依托自身人才优势，组织专家团队专门编写了中学生烹饪与营养基础知识校本教材（试用）《美好食光》。此教材结合川渝地区食育特色，内容主要包括特色川菜制作技艺、营养学知识与巴蜀饮食文化，学生学习后，能够掌握常见川菜烹饪方法，了解巴蜀饮食文化的悠久历史和深厚内涵，具备设计营养套餐的能力。《美好食光》目前已在遂宁中学、宜宾一中、宜宾六中、内江六中、雅安中学、简阳中学作为食育校本教材使用，教学效果显著，学生反响良好。如 2024 年 4 月，简阳中学举办了校本课程“美好食光”开课仪式。该教材主编李贤富教师首先讲解了川菜的历史以及宫保鸡丁的来历。之后，学生进入学校食堂，在食堂厨师长杨品宽指导下，开始烹制宫保鸡丁，选料、切配、调味、炒制、装盘等各个烹饪环节都亲自尝试，规范完成，最后，大家一起享用自己制作的美味，首次开课圆满成功，教材使用效果显著，有力推动了学校食育工作的开展，促进了学生饮食综合素质的提升。目前该教材正被积极向全川各地中学推广使用。

在食育课程设计上，注重食育与文化课程的结合。教师充分挖掘文化课程中的食育元素和食育课程中的文化科学知识，努力将食育与语数外等文化课程有机融合，推动食育与德智体美劳五育形成整体。如成都冠城实验学校高中“美食制作与体验”课程，注重利用语文知识来了解饮食的历史、故事；利用生物学知识来加强食品安全与营养教育；利用数学公式来计算食物重量和热量；利用美术知识来进行菜品摆盘设计等。注重菜品技艺学习与菜品文化传播相结合，学生在观摩、学习、体验、掌握川菜制作技艺的

同时，要了解川菜的起源、历史发展和文化特征，努力使川菜学习更具有层次性和立体感。如2023年3月，遂宁中学第一堂食育课为宫保鸡丁，学生学习并实操了宫保鸡丁制作技艺之后，通过自学方式了解宫保鸡丁的源流、成菜特征及食用疗效等，深刻感受到了宫保鸡丁的文化内涵。注重家庭饮食设计与饮食营养相结合。学生在掌握川菜菜肴制作技艺的基础上，重视膳食营养，能够利用掌握的营养学相关知识，设计制作家庭营养餐食，向父母提出健康生活建议，独立制作家庭小型宴席，包括凉菜、热菜、面点小吃、汤菜等，基本具备家庭营养套餐创造能力。

在食育行动方式方法上，开展了丰富多彩的食育活动，突出高中学校食育实践效果。一是积极举办特色鲜明的校园美食节活动。川渝地区高中学校注重校园饮食文化育人品牌塑造，开展了形式多样、学生参与度强的校园美食节活动。美食节上，学生亲自参与美食制作、美食展示、美食营销，在锻炼美食制作技艺的同时，提升了美食宣传、营销的能力。2023年4月，重庆江津中学举办了校园美食节，学生与家长一起准备美食，各班不仅有厨师团队，还搭建了展示团队和销售团队，大家分工明确、相互协作，共同参与到美食节活动中，在分享、体验美食乐趣的基础上，锻炼了劳动能力，加强了劳动教育。2024年4月，广安中学举办了首届校园音乐美食节。美食节期间，学生不仅能够品鉴宜宾燃面、顾县豆干、绵阳米粉等数十种四川特色美食，还可参与音乐表演、智力游戏、体育活动，丰富了学校的课外活动，有力传承了巴蜀饮食文化。2024年5月，泸州市龙马高中举办了校园美食嘉年华活动。本次嘉年华活动，由家长和学生共同制作美食，小龙虾、火锅、糖醋排骨、钵钵鸡等一道道特色美食芳香四溢，造型摆盘创意十足，大家共同品鉴美味，增进了感情，缓解了学习压力，尽情享受饮食带来的乐趣。同时，各地校园美食节注重与中国传统节日文化有机结合，在中国传统节日期间举办特色美食节，如端午节举办粽香校园美食节，中秋节举办家和月圆校园美食节，冬至节举办品味羊汤美食节等，学生一方面了解参与特色节日美食制作，另一方面增强了对中国传统节日文化的认识与喜爱。二是举办校园烹饪比赛。烹饪比赛是激发学生烹饪兴趣、提升烹饪技能、开展食育交流的重要平台。近年来，川渝地区高中学校积极举办校园烹饪比赛，不断扩大校园烹饪比赛的规模，提升校园烹饪比赛的影响力，努力将其打造成校园食育的重要品牌和学生课外活动的靓丽名片。2023年5月，南充五中在育英校区和青龙山校区食堂举行了以"'厨'神入化，'烹'然心动"为主题的第二届校园厨艺大赛。本次烹饪大赛包括规定菜和团队特色菜两项内容。规定菜为制作莴笋炒肉，团队特色菜由学生充分创新设计自制菜肴。学生按照烹饪技艺流程，规范操作，大胆创新，完成的菜品色香味俱全，营养健康。最后，评委根据学生烹饪着装、操作流程、食品安全、菜品特征等进行综合评分。本次厨艺大赛是学生活学活用烹饪理论知识的一次有效实践，有力提升了学生饮食综合素质，增强了学生创造美好饮食生活的能力。2023年

7月，川渝三十多所学校同台厨艺大比武活动在遂宁中学隆重举行。来自四川、重庆各地的三十多所学校学生代表队和厨师代表队分别进行厨艺比拼，通过比赛，选手相互切磋，取长补短，有力激发了提升厨艺的动力，积极推动了“烹饪与营养”劳动教育课程在高中校园持续开展。2024年3月，四川省高县中学校举办了第五届“毕业班”厨艺展示活动。学生首先自己动手捕捉鱼作为食材，然后大家烹制各种鱼类佳肴，由教师担任评委对学生制作的美食进行点评，最后，大家共同品鉴鱼肴。此次厨艺展示活动，锻炼了学生的烹饪技能，丰富了校园生活，增进了师生情谊。2024年5月，四川省棠湖中学举办了首届厨艺争霸赛。学生化身厨艺家，纷纷使出看家本领，进行煎炒烹炸，麻辣小龙虾、水煮鱼、凉拌手撕鸡、钵钵鸡等一道道川菜美食精彩呈现，赢得了评委的掌声，此次比赛展示了棠湖中学学生良好的烹饪技能和优秀的劳动实践能力，为培养学生的家国情怀、弘扬巴蜀饮食文化发挥了重要作用。

第二，多方合作，培养高中生现代农业种植养殖技艺。

川渝地区高中学校认真贯彻落实《普通高中课程标准》，在原来科目基础上开设劳动课程，共6个学分，为必修学分。不断拓展高中学生劳动课程开课形式，加强学生职业体验教育，注意培养高中学生劳动自立意识，主动服务他人、服务社会的情怀和自强不息的劳动精神。

在生产性劳动板块，川渝地区高中学校一方面充分利用校内资源，建立学生食材种植养殖体验基地，让学生成为土地的主人，自主选择食材品种，完成食材种植和收获，从松土、播种、施肥、除草、病虫害防治、采摘收获、储藏加工等全过程参与体验食材生产劳动，从而掌握系统完整的食材种植技术。2023年9月，南充高级中学建立了现代农业实践基地，学生在农业实践基地内进行食材播种、浇水、施肥，参与农业技能技术培训，有力充实了劳动课程内容，提升了学生农业生产综合能力。2023年9月，四川省彭州中学举行了学生劳动实践基地——服耕园授牌仪式。此基地以“躬耕种希望，劳动悟真知”为主旨，努力为学生打造食材种植的真实场景，学生在基地可以体验耕地、播种、田间管理、收获采摘等农业生产活动，有力推动了学校劳动课程的开展，锻炼了学生的农业劳动能力。2023年12月，四川省双流永安中学举行了“菁乐园”劳动教育实践基地启动仪式。启动仪式上，各班划分了本班的农场，明确了农场管理的目标和责任，之后，学生对农场进行了除草、松土，为农作物播种做足了准备。本次启动仪式是学校劳动育人的新契机，有力激发了学生开展农业生产劳动的兴趣和动力。另一方面，积极开展校企合作，将现代农业产业区打造成学生劳动教育示范基地，学生走进现代农业园区、企业，学习现代农业种植技术，了解未来农业发展趋势，激发了食材生产创新创造能力。2021年4月，新川外国语学校高中部学生走进四川省农业科学院现代农业科技创新示范园，学生参观了设施成果展示区、科研成果展示区、旱地农业科研区、大田作物科研区、科研配套功能区，感受到了现代农业科技魅力，体会到了农产品收获的辛苦与喜悦，增强了对现代农业高质量发展的信心。2023 年 4 月，四川省泸定中学与甘孜州农业发展有限公司签订合作协议，双方合作开展高中学生劳动课程教学。泸定中学借助盛世绿野农业公司在食育场地、技术、人才等方面的优势，努力推进农业考察参观、农产品种植体验、现代农业知识学习、农业文化保护传承等食育活动，有效丰富了学生职业体验，增加了学生现代农业实践能力，使学生了解了绿色食品开发、食材品种资源保护和引进、无土栽培、营养与饲养、病虫害预测及综合治理、农副产品加工等现代农业科技，激发了学生学习掌握农业现代技艺、进行农业创新开发的兴趣。

（四）高校食育突出职业应用创新

高校担负着人才培养、服务社会的重任，川渝地区高校食育注重与学科专业建设相融合，与人才培养方案紧密结合，强调食育人才培养，不断提升高校大学生食育综合素质与创新能力，培养大学生职业能力和劳动奉献精神，厚植家国情怀，担负起传承弘扬中华优秀传统文化的重任。

1. 食育课程设置与学科专业紧密结合，突出食育特色

川渝地区高校比较重视食育课程开设，注重食育课程与本校学科专业相统一，与人才培养方案相结合。各高校充分借助本校食育相关学科专业优势，打造食育特色课程，加大食育校本教材的研发，发挥食育综合效应，在食育人才培养、科学研究、服务社会等方面，多管齐下，协同推进，大学生饮食综合素质和创新能力显著提升。

一是借助农学相关学科专业优势，重点开展特色食材种植养殖教育。川渝地区农学专业实力强，特色突出，开设高校众多，如四川农业大学、西南大学、重庆三峡学院、成都农业科技职业学院、德阳农业科技职业学院等。这些高校开设有遗传学、田间试验设计、农业生态学、作物栽培与耕作学、育种学、种子学、农业经济管理、农业推广学、植物病虫害学等相关课程，经过学习，学生系统掌握了科学先进的食材种植养殖技术，具备了从事农业管理、教育、科研的职业素质和能力，能够担负起食材种植养殖相关食育人才培养的重任。

二是依托食品科学相关学科专业优势，重点开展食品安全及营养健康教育。川渝地区开设有食品科学工程相关专业高校数量众多，建有食品学院的高校达 19 所之多，如四川大学、西南大学、四川师范大学、成都大学、四川轻化工大学、西南民族大学、西华大学、四川旅游学院、成都师范学院、宜宾学院等。这些高校食品相关学科专业特色突出，重点培养学生在食品安全检测、食品研发、营养饮食设计、膳食健康指导等方面的能力。经过系统的学习，学生可成为食品安全、营养健康方面的食育专业人才。

三是借助传统养生学相关学科专业优势，重点开展食疗养生教育。中国食疗养生文

化源远流长、博大精深。川渝地区相关高校以中医药学为办学特色，重点开设营养学、药膳食疗学、健康管理与咨询、烹饪营养技术等课程，在饮食养生教育方面形成了特色优势，如成都中医药大学、四川中医药高等专科学校、重庆三峡医药高等专科学校等，学生经过学习，掌握了传统饮食养生知识，具备了开发设计养生菜单食谱的能力，能够胜任饮食养生、药膳食疗等方面的教学科研工作。

四是借助烹饪相关专业优势，重点开展菜点制作技艺教育。川渝地区开设烹饪相关专业高校类型丰富，既有四川旅游学院等普通本科高校，也包括四川商务职业学院、成都银杏酒店管理学院、泸州职业技术学院、四川科技职业学院、重庆商务职业学院、四川天一学院等高职高专院校。烹饪相关专业多样，主要有烹饪与营养教育、烹饪工艺与营养、中西面点工艺、西式烹饪工艺、餐饮智能管理等本专科专业。通过学习，学生能够掌握菜点制作技艺，设计开发营养餐，策划制作特色宴席，同时，能够胜任烹饪相关课程教育教学，为开展技艺类食育提供人才保障。

五是积极开展川菜非遗研培活动，推动川菜非遗传承人可持续发展。近年来，川渝地区高校积极依托校内特色专业优势，开展非遗传承人培养培训活动，为中国非遗保护传承、弘扬中华优秀传统文化做出了重要贡献。如四川旅游学院在川菜非遗传承人培养培训方面取得了突出实效。该校现为国家级非遗川菜烹饪技艺保护单位、中国非遗传承人研培基地，分别于2022年、2023年、2024年连续举办了三届四川省非遗传承人研培计划——川菜烹饪技艺研修班，同时，2024年，举办了中国非物质文化遗产传承人研培计划——川菜烹饪技艺高质量传承创新研修班。川菜非遗传承人研修班招收的学员有来自川渝地区餐饮行业领域的川菜技艺传承人、烹饪教师、餐饮管理人员、川菜品牌创始人等。该研修班师资力量雄厚，10名川菜非遗省级代表性传承人亲自讲授川菜非遗技艺，还包括高校食品安全、营养膳食、非遗保护研究、餐饮品牌营销管理等方面的专家教授。研修课程类型多样，包括理论课程、演示课程、实训课程、实践考察课程、学员相互研磨课程、回访课程等。经过研培，学员增强了川菜非遗保护传承的责任感和使命感，提高了川菜非遗守正与创新的能力，为推动川菜非遗创造性转化和创新性发展、助力乡村振兴发挥了重要作用。

2. 利用所学专业优势，积极开展食育科普活动，锻炼大学生食育能力

川渝地区高校大学生利用自己所学食育相关专业知识技能，积极开展食育社会实践活动，通过大学生三下乡、暑期社会实践、专业见习实习等形式，走进中小学、社区、景区，进行食育科普宣传活动，在提升自己食育专业知识实践应用能力的同时，加深了民众对食育的认知，扩大了饮食教育民众普及面和参与度，促进了全社会食育水平的提升。

一是积极借助全民营养周、中国学生营养日等时间节点开展营养健康科普宣传活动。川渝地区大学生走进中小学校，开展形式多样的营养健康科普活动：发放营养宣

传手册、举办专题讲座、进行营养知识竞赛、宣讲解读中国居民膳食指南等，激发了中小学生对营养知识学习的兴趣，提升了学生科学健康膳食的能力。2023 年 5 月 15 日至 21 日，成都医学院（以下简称成医）以全民营养周和“5・20”中国学生营养日为契机，深入推进合理膳食行动、学生营养改善行动，在校内外组织开展了营养健康主题宣传系列活动。成医学子在毗河中学组织召开了“科学营养膳食为主，科学实验为辅”主题班会，还利用展板、条幅、折页、倡议书等向师生宣传营养健康知识，加深了师生对营养健康的认知，有力推动了科学膳食的普及。2023 年全民营养周期间，四川大学华西公共卫生学院开展了主题为“合理膳食，食养是良医”的食育活动。该院营养与食品卫生学系第一党支部走进四川天府新区华阳中学附属小学，举办了“科学食养，助力儿童健康成长”2023 年全民营养周系列宣教活动。通过开设讲座、进行知识竞赛、发放宣传手册、做游戏等学生喜闻乐见、参与度高的形式普及食品饮食营养知识，加强了对小学生的健康饮食教育。2023 年 7 月，重庆三峡医药高等专科学校公共卫生与管理学院组织师生赴百安坝程家社区，开展了以“合理膳食，食养是良医”为主题的科普活动。本次活动内容丰富，包括营养健康操表演、营养健康游园知识答疑、医养指南宣教与营养健康咨询等环节，民众参与度和体验感较强，有效普及了食物营养基本知识，增强了民众科学合理营养膳食素养，2024 年 3 月，川北医学院公共卫生学院师生志愿者到南充高中举办了以“科学食养，预防青少年肥胖”为主题的健康科普讲座。本次讲座重点讲解了学龄儿童营养以及青少年肥胖食养指南建议等内容，还现场发放了《中国学龄儿童膳食指南》《儿童青少年肥胖食养指南》等资料，提高了高中学生对肥胖问题的预防和重视，增长了高中学生营养健康知识，同时，有力锻炼了大学生营养健康科普宣传的能力。2024 年 7 月，四川农业大学食品学院的“食光之旅”团队赴雅安市雨城区上坝路社区，主要针对小朋友开展了“合理膳食，安全营养”的暑假社会实践活动。本次社会实践团队为社区小朋友讲解了居民膳食宝塔、各种食物营养、改掉偏食挑食等不良饮食习惯的方法；设置了互动问答环节，向小朋友解答日常饮食中遇到的问题；组织了茶话会，讲述食品故事。通过营养健康知识科普宣传，增强了小朋友对营养健康的兴趣，帮助小朋友逐步养成科学健康饮食的良好习惯，提升了大学生利用专业知识进行食育的实践能力。

二是通过中小学研学游活动，开展烹饪技艺教育。烹饪技艺教育是食育的重要内容之一，近年来，川渝地区部分高校依托烹饪相关特色专业资源，加快烹饪技能人才培养，对中小学生进行饮食技能教育，一方面通过引进来方式，组织中小学生利用研学游，走进高校烹饪实验实训室，学习烹饪技能；另一方面，烹饪专业学生积极走出去，进入中小学厨房进行烹饪教育。川渝地区高校系列烹饪教育活动的开展，有力增强了中小学生的动手能力，提升了中小学生的烹饪技艺，传承弘扬了饮食文化。2022 年 6 月，四川旅游学院师生赴成都嘉祥外国语学校开展了川菜非遗进校园活动。本次活动包括川菜故事讲解、川菜面点制作体验等。学生亲自动手参与了川菜面点制作，提高了川菜烹饪技能，传播了川菜文化，传承了川菜非遗。2023 年 4 月，成都高新区实验小学春季研学活动在四川旅游学院顺利举行。小学生们走进烹饪实训大楼，在烹饪老师的指导下，亲自动手制作了曲奇饼干，体验到了烹饪的乐趣，感受到了饮食文化的魅力。同月，成都胜西小学春季研学活动在四川旅游学院烹饪实训大楼开展，学生学习、体验了特色川菜宫保虾球的制作，锻炼了动手能力，培养了劳动精神。2023 年 10 月，顺南街小学组织三、四年级学生赴四川职业技术学院开展了烹饪研学活动。该校食品与生物技术学院大学生首先为小学生讲解了食品安全与营养知识，然后演示制作了川菜特色美食，小学生进行了川菜特色美食制作体验与品鉴，此举丰富了小学生课外实践活动，增强了其劳动综合素质。

三是利用大学生社会实践及志愿者活动，积极开展特色食材种植养殖教育。川渝地区部分高校充分发挥农业学科专业优势，努力举办农业科普活动，讲解现代农业知识，传授特色食材种植养殖技术，弘扬农耕文化，使民众增长了农业知识，掌握了一定的现代食材种植养殖技艺。2021 年 3 月，四川农业大学学生走进眉山市观音小学开展农事教育活动，讲解水培技术、滴灌技术，科普现代农业知识，使小学生对现代农业有了进一步的了解，培养了学生懂农、爱农、兴农的思想意识和农业基本素质。2022 年 3 月，成都农业科技职业学院学生到花都小学开展农业种植实践活动。志愿者团队首先讲解了黑玉米、百合等农作物生物学知识、种植方法及食用价值，之后，小学生来到天空农场，在志愿者的指导下进行松土、浇水、施肥、播种，亲自体验农作物种植过程。此次活动的开展增长了小学生农业基本知识，提高了小学生食材种植技能，增强了小学生劳动综合素质。2024 年 1 月，四川农业大学“吾途”裕农实践团队在雅安市光华第四小学开展了无土栽培技术的研学实践活动。实践团队向小学生讲解了无土栽培的种类、原理、发展现状及应用前景，动手演示了无土栽培的基本方法，之后小学生体验了无土栽培的过程，对无土栽培有了更为深入全面的认识。此次研学实践活动加强了食材种植教育，有力科普了现代农业种植技术，增强了小学生对农业科技的兴趣，同时对大学生农业相关专业应用能力提升发挥了重要作用。

3. 加强劳动教育，培养大学生劳动精神

川渝地区高校认真贯彻落实中共中央、国务院《关于全面加强新时代大中小学劳动教育的意见》要求，认真开展劳动教育，将劳动教育与食育有机融合，将农耕实践活动作为劳动教育的重要内容加以实施，增强了大学生劳动能力，培养了大学生劳动创新和奉献精神，提升了大学生食材种植技艺。

一是突出农耕活动开展的系统性、深入性，提升大学生农耕科研创新能力。川渝地区大学生经过中小学劳动教育的锻炼，具备了一定的农耕技术，到大学阶段，更加注重食材种植的系统性和完整性。学校为大学生提供的食材种植基地更为广阔，学生可在基地内进行系统的农耕活动，包括拓荒、松土、播种、除草、施肥、撒药、收割、储藏等各环节，体会一年四季不同气候情况下农耕活动的更替变化，深入理解二十四节气与食材种植的关系。同时，加强农耕活动的研究，在食材种植过程中进行新技术、新工艺研发，努力解决食材种植过程中出现的新问题，不断提升农耕实践活动的创新创造能力。2020年，四川师范大学建立了劳动和实践教育基地，此基地占地面积260多亩，学生在基地内进行劳动教育必修课程的学习。该劳动课程持续时间长，接近一年时间；课程要求高，学生不仅要掌握食材种植技艺，还要做好记录，发现探究食材生长过程中出现的新情况、新问题。经过课程的学习，大学生吃苦耐劳的劳动精神得到加强，农耕生产探究能力、创新能力更为凸显。2023年，重庆电讯职业学院出台了《重庆电讯职业学院耕读教育实施方案（试行）》，积极探索本校特色耕读教育模式。该校学生在耕读苑中从事农业劳动，聆听农作物种植知识讲座，参与农业劳动的研讨；学校不断挖掘农业劳动育人功能，将学生劳动成果作为综合素质测评的重要依据，同时将劳动课程与思政教育、主题党日活动有机结合，全面提升了学生的劳动素质。四川大学锦城学院高度重视大学生农业劳动教育。该校将劳动课作为必修课，共计64个学时，2个学分，学校还成立了劳动学院，更加系统深入地组织开展全校劳动课程，努力将劳动教育从技能教育提升到品质教育。2023年7月，重庆理工大学开展了“种地吧”农耕文化实践活动。该校大学生深入田间地头，认真开展除草、松土、稻田捕鱼等农业劳动，不仅增长了农业种植知识，还磨炼了意志品质，传承了劳动精神，厚植了爱农、兴农的情怀。2023年12月，四川工商学院将劳动课程与思政课程有机结合，开展了以“弘扬劳动精神，争做劳动先锋”为主题的劳动实践活动。该校学生走进劳动实践基地进行耕地、浇水、排沟、打窝、播种、栽培等农业劳动，教师将劳动最光荣、锻炼吃苦耐劳品质、一分耕耘一分收获等思政教育贯穿其中，有效提升了大学生综合素质。2024年，四川农业大学开展了耕读教育。该校耕读教育对象广泛，涵盖了智慧农业、植物保护、水产养殖学等11个专业近千名学生；耕读教育教学内容丰富，建立了全年耕读实践课程体系，包括田间管理、果园管理、现代作物生产等六大实践项目，打造了“传统农耕+思政+专业前沿”的耕读理论课程体系，切实还原了“昼耕夜读”的沉浸式耕读体验。学生经过耕读教育，有力锻炼了农业生产能力，提高了农业劳动综合素质，促进了所学专业的实践应用与创新。

二是推进农耕劳动与社会服务相结合。社会实践活动是大学生教育的重要一环，川渝地区高校比较重视将劳动教育与社会实践相统一，将农耕活动与服务社会相统一。通过食材种植活动，传承尊重劳动、崇尚劳动、热爱劳动的精神，实现创造价值、奉献社会的目的。2023年10月，成都大学（以下简称成大）学生贯彻落实习近平总书记视察四川时提出的“在新时代打造更高水平的‘天府粮仓’”重要讲话精神，主动与天府绿道公司合作，建立了“学生劳动教育实践基地”，因地制宜开设了“农作物种植与管理”

劳动教育课程。成大学生在天府绿道两旁开荒播种，热火朝天的耕作与悠然闲适的绿道相映成趣，个体劳作服务于国家重大粮食战略，有力助推了天府粮仓建设，体现了新时代大学生不懈奋斗、积极奉献的劳动精神。四川大学锦城学院将劳动教育与大学生创新创业相结合，努力提升大学生服务社会的能力。该校在开展农耕教育的同时，还成立了“学生农场总公司”，由学生负责公司的运行，包括农业工具、种子、化肥等农业物资的采买和所获农产品的销售。经过公司运行管理，有力锻炼了学生创业能力，加强了学生职业教育，为学生将来实现就业、服务社会打下了坚实的基础。

三、川渝地区对食育家庭示范传承愈发重视

家庭是育人的第一场所，家庭教育对人一生的成长起到至关重要的作用。近年来，川渝地区比较重视家庭教育，努力为子女成长创造良好的家庭环境，而在家庭教育中，食育的重要性愈发为家长所认识。家庭食育能培养家庭成员良好的饮食习惯，塑造家庭成员的品格，提升家庭成员创造幸福美好生活的能力，因而川渝地区家庭食育不断发展，食育实践活动逐渐丰富，食育手段不断创新，食育效果日益凸显。从川渝地区家庭食育对象来看，其主要集中于家庭中的孩子和老年人；从家庭食育内容来看，培养良好饮食习惯、传承饮食礼仪与习俗与增加饮食营养知识、掌握饮食生产与加工技艺相辅相成；从食育成效来看，通过家庭食育，孩子增强了饮食综合素质，加深了亲情，厚植了家国情怀，学会了感恩、孝敬父母，老年人更加注重食品安全，饮食更为营养科学，逐渐养成了合理膳食的习惯，家庭成员共同担负起传承弘扬中华优秀传统文化的使命。

（一）家庭幼儿食育注重饮食习惯的培养

幼儿教育是人生教育的起点，是良好行为习惯养成的黄金阶段。近年来，川渝地区家庭食育非常重视幼儿食育，根据幼儿的认知水平和个体特征，从认识食物开始，逐步培养幼儿养成良好的饮食习惯，掌握正确的饮食礼仪，进而提升孩子对食育的兴趣，认识劳动的重要意义。

为帮助幼儿了解认识食物，川渝地区诸多家庭有的陪同幼儿走进田园，通过体验农耕亲子活动，使幼儿认识各种食材，了解食材种植与季节气候变化的关系；如 2023 年丰收节之际，一场生动有趣的稻田趣味亲子运动会在四川天府新区举行，30 对家庭大人孩子齐上阵，进行割稻比赛、运粮比赛、稻田寻宝比赛，幼儿在活动过程中加深了对水稻的认识。有的家长带领孩子走进农贸市场，通过感知食材、买菜等活动，培养孩子对食物的兴趣。同时，注重幼儿良好饮食习惯的培养，在一日三餐进食过程中，教导幼儿养成饭前洗手、吃饭不喧哗、饭后漱口、食物吃完不浪费、不偏食、不挑食、不暴饮暴

食等良好饮食行为习惯。不断加强幼儿饮食礼仪的养成，如餐厅打饭要排队、长者用餐礼貌让、饭后餐具整洁放、饭菜剩余要打包等，家长发现幼儿若有违背饮食礼仪的行为时，及时加以制止、纠正，并做好表率，通过自身正确的饮食行为，感染熏陶幼儿利用模仿天赋，快速学会良好的饮食行为。再者，劳动教育也要从娃娃抓起，川渝地区家庭比较重视幼儿劳动教育。有的引导幼儿进入厨房，帮助家长削皮、择菜、洗菜、洗刷碗筷，做好父母的帮厨，在共同的美食制作过程中，增加亲子感情，分享劳动的喜悦和美好。有的家长带领幼儿利用花盆或小花园种植食材，仔细观察食材生长变化，做好食材管理呵护，提高了幼儿食材种植技艺。

（二）家庭少儿食育强调掌握简单菜肴制作技艺

少儿阶段一般指小学学龄时期，小学生在幼儿之时了解熟悉食物，观察菜肴制作技艺的基础上，动手能力不断增强，掌握了一定的菜点制作技艺。川渝地区少儿家庭食育内容更加丰富，注重继续强化良好饮食习惯培养，教会少儿掌握简单的川菜制作技艺，提升少儿食材种植养殖能力。

少儿学生由于营养知识比较缺乏，加之自控能力较差，往往喜欢吃零食，爱喝碳酸饮料，对辣条、薯条及各种油炸食品格外嗜好，而对蔬菜、水果等绿色食品不感兴趣，导致偏食、挑食现象普遍存在。川渝地区家庭及时发现这一问题，通过控制少儿零食数量和零钱数额，参加饮食营养学知识讲座，家庭共进营养三餐，认识油炸食品危害等食育行为，及时纠正、改变少儿饮食不良嗜好，持续教育少儿养成良好饮食习惯。同时，川渝地区家庭与学校联合开展食育活动比较普遍。少儿在学校学习菜点制作技艺理论，回家后，充分利用家庭厨房实践锻炼菜点制作技艺，掌握简单的菜肴制作方法。加之，川渝地区最主要的饮食生活方式为川菜，少儿天天吃川菜，在家长日常制作川菜的浓厚环境中耳濡目染，潜移默化，基本能够掌握常见川菜的制作技艺，如回锅肉、西红柿炒鸡蛋、土豆肉丝、担担面、凉粉等，能够独自制作一两道特色川菜，培养了家乡情结。此外，川渝地区少儿家庭食育注重与劳动教育相结合，家长陪同少儿共同参与食材种植养殖活动，努力提高少儿农业生产能力。如近几年，川渝地区亲子农场不断兴起，成都周边有德阳原野牧场、翔生有机生态农场、街子陶巴巴家庭农场、哼哼农场等，重庆周边有远景农场、角蛙爸爸农场、毛毛虫生态农场、懒懒山谷自然农场等。少儿可在农场里观察、喂养家畜家禽，进行农耕活动，体验丰收采摘，从而对食材种植养殖有了进一步的认识。同时，川渝地区少儿家庭劳动教育又一大特色为积极参与本地特产美食节庆活动。川渝地区地方特产美食节众多，如简阳樱桃采摘节、苍溪猕猴桃采摘节、龙泉枇杷采摘节、眉山柑橘产业节、重庆沙田柚采摘节、涪陵葡萄采摘节等。家长陪同少儿积极参加相关节庆活动，共同参与收获采摘，了解食材的生长习性，体会劳动的艰辛和喜悦，在品尝丰收果实的同时，感激大自然的馈赠，更好地理解人与自然的关系。

（三）家庭青少年食育关注饮食健康、传承巴蜀饮食文化

青少年时期一般指中学教育阶段，这一阶段学生在校时间长，学习强度大，家庭生活时间缩减，家庭食育出现新的特征。川渝地区青少年家庭食育一方面更加注重饮食营养教育。由于青少年阶段是身体成长的关键阶段，加之经常用脑，对营养需求较高。川渝地区青少年家长努力为中学生设计、制作营养餐，注重一日三餐营养的搭配，提供蛋白质、膳食纤维、维生素、矿物质等含量更为丰富的食物，以满足青少年身体成长、健脑益智的饮食需求。同时，在父母传授营养餐设计制作影响下，加之学生自身学习营养学知识的基础上，川渝地区青少年具备了一定的营养餐制作能力，初中学生基本能够制定营养的家庭日常菜谱，学会了日常川菜回锅肉、麻婆豆腐、干煸四季豆、鱼香肉丝的制作方法；到高中阶段，学生基本能够选择食用营养丰富的食物，逐步克服了偏食、挑食、厌食等不良饮食嗜好，基本能够设计、制作小型家庭营养套餐，包括凉菜、热菜以及面点小吃的组合搭配，并且能够为家庭成员提出健康生活建议，制订家庭健康生活计划。川渝地区青少年营养健康知识的学习与营养餐设计制作实践形成良性互动，相辅相成，共同促进了家庭食育的发展。

川渝地区青少年家庭食育另一大突出特征为饮食文化的熏陶与传承。巴蜀饮食文化源远流长、博大精深，其中含有丰富的日常食俗与节日食俗。川渝地区青少年在家庭饮食环境的长期熏陶下，产生了浓郁的家乡情结。自小在家里吃川菜长大，喜欢川菜、迷恋川菜，养成了麻辣的饮食口味，对火锅、冒菜、串串香、冷淡杯等饮食品类以及郫县豆瓣、永川豆豉、保宁醋、成都二荆条辣椒、汉源花椒、折耳根等饮食品种情有独钟，日常佐餐最离不开家里那一坛爽脆可口的泡菜，休闲时刻总想坐在茶馆里，泡一杯清茶，享受一整天的安逸闲适，川菜情结、巴蜀饮食已在青少年心里面牢牢扎根，永远无法忘怀。同时，川渝地区节日食俗也对青少年产生了深刻影响。每逢中国传统节日来临，青少年难得与家人团聚，一家人一起制作、共享节日美食，如春节吃腊肉、汤圆，清明节吃青团，端午节吃肉粽，中秋节吃川式月饼，冬至节吃羊肉等，通过家庭节日饮食教育，使青少年感受到丰富多彩的巴蜀节日食俗，体会到团圆、和谐、美好等传统节日文化，从而能够更好地传承、弘扬巴蜀饮食文化。

（四）家庭老年人食育更注重营养平衡，加强食养

老年人由于身体机能下降，咀嚼吞咽和消化能力减弱，膳食营养状况存在一定问题，近年来，老年人饮食愈发引起川渝地区家庭食育的重视。川渝地区老年人食育首先从膳食营养知识科普开始，越来越多的老年人更加注重饮食健康，认真学习《国民营养

计划（2017—2030年）》《中国居民膳食指南（2022）》《中国老年人膳食指南（2022）》《四川省国民营养计划实施方案》等相关的营养健康文件，不断增加自己的营养膳食知识，努力改正不良饮食习惯。在食物选择上，川渝地区老年人家庭一日三餐更加注重食物种类搭配，选择多吃一些蔬菜、水果、奶类、大豆，少吃高油脂、高热量食物，注重营养的均衡，尤其要增加优质蛋白质、钙、维生素D及矿物质的摄入。针对川菜多油、多盐、重口味的情况，老年人减少外出食用川菜及火锅的次数，多在家中烹饪清淡、易消化的菜肴。在烹饪方式上，川渝地区老年人家庭烹饪多采用煮、炖、蒸等方式，食物质地更为软烂，口味保持原汁原味，避免过度调味，更易于老年人消化吸收。在饮食行为方式上，川渝地区老年人家庭饮食更加注重少食多餐，细嚼慢咽，主动少量多次饮水，每天饮水足量，多饮温热白开水和淡茶，避免饮用浓茶和咖啡，同时，适当进行户外运动，接受适量的紫外线照射，这样既能做到吃动平衡，又有利于维生素D的合成和钙元素的吸收利用。在就餐环境氛围方面，子女更加注重为老年人创造和谐温馨的就餐场景，多陪老年人在家聚餐，主动为父母做饭，打扫家务，真正让老年人感受到家庭就餐的温暖。

四、川渝地区食育宣传科普逐步实施

组织开展宣传科普活动是食育实施的重要方式之一。近年来，川渝地区积极组织开展食育宣传科普活动，其活动主体多样，政府相关部门、科研院所、行业协会、学校、医院、社区、企业等多方联合，协同推进；其活动内容丰富，食品安全、营养健康、饮食标准、节约粮食、庆祝丰收、美食烹饪等主题鲜明，特色突出；其活动形式创新，线上线下相结合、举办讲座报告、发放宣传资料、设置宣传展览、视频播放、现场互动等灵活搭配，精彩纷呈。通过食育宣传科普活动的实施，川渝地区民众对食育有了进一步认识，增长了食品安全及营养健康知识，树立了节约粮食、反对浪费的意识，进一步熟悉了川渝特色食材，提升了川菜美食制作的能力。

（一）不断加强食品安全宣传科普

民以食为天，食以安为先。食品安全是民众饮食健康的基础和前提。近年来，川渝地区认真贯彻落实《中华人民共和国食品安全法》，加大食品安全科普宣传力度，提高民众对食品安全重视程度，增长民众食品安全知识，川渝地区食品安全发展态势良好。

川渝地区食品安全宣传科普不断发展。食品安全宣传科普主体多样，一般由市场监管局牵头，联合卫生健康委、食品药品检验检疫机构、科学技术协会、相关企业共同举办。食品安全宣传科普内容全面，包括民众日常饮食生活普遍关心的有毒食物、垃圾食品、过期食品、农药残留、三无食品、食物有害物质等。食品安全宣传科普形式灵活，发放食品安全宣传手册、播放食品安全相关视频、摆放食品安全宣传标语、解答民众食品安全提问、举办食品安全知识竞赛等灵活运用，多种形式相互搭配，提高了民众食品安全活动参与度，突出了食品安全宣传实效。食品安全宣传科普活动对象较为集中，一方面，走进学校，提升学生食品安全防范能力，另一方面，走进社区，努力提高民众食品安全意识，两方面相辅相成、协同推进，共同推进食品安全科普活动在全社会有效开展。

川渝地区食品安全宣传科普进校园活动扎实推进。该活动涉及面广，包括幼儿园、中小学及高校整个教育系统，宣传科普内容聚焦学生这一特殊群体，重点科普食品安全基本知识以及学生群体易发的食品安全事件，有力保障了学生日常饮食安全。如2023年2月，四川省成都市武侯区市场监管局食品安全监管人员走进北京第二外国语学院成都附属小学开展“开学第一课——食品安全进校园”活动。活动现场，科普人员播放了食品安全视频，向小学生讲解了食物中毒、垃圾食品等食品安全知识，引导同学们培养健康的饮食习惯和良好的卫生习惯，通过以小手拉大手，教育一个孩子，引导一个家庭，延伸全社会，形成人人关注食品安全、人人关心食品安全的良好氛围。2023年9月，自贡市食品药品安全知识科普宣讲团，走进荣县第一中学开展了食品安全科普宣讲活动。科普人员通过发放食品安全宣传资料，现场解答提问等方式，向中学生宣传饮食安全、饮食健康相关知识，增强了广大师生食品安全意识和自我保护能力。2023年9月，重庆第二师范学院组织举办了食品安全科普活动。本次活动以“提升全民科学素质，助力健康中国实施”为主题，开展了食品安全知识科普大赛，大学生积极参加，利用科学实验、演讲、短视频、海报、话剧等形式，宣传食品安全知识，弘扬科学精神，有力筑牢了校园食品安全防线。

川渝地区食品安全宣传科普进社区活动有序开展。社区是民众生活的第一场所，食品安全隐患较多，民众对食品安全认知水平差异较大，亟须对社区进行食品安全宣传科普。近年来，川渝地区比较重视社区食品安全宣传科普，由市场监管局牵头，食安办、高校、科学协会积极参与，自愿组成宣传队进行食品安全科普宣传。社区食品安全宣传目的明确、针对性强，往往就民众日常饮食生活中易出现的食品安全问题及老年人保健品食用进行专门宣传，时效性强。同时，社区食品安全宣传科普方式贴近民众，采取现场讲解演示与对话交流互动相结合的方式，用简单、生动、有趣的语言向民众进行宣传科普，提高了社区食品安全防范的能力。

2022年6月，九三学社成都市科普工作委员会联合武侯区食安办，走进双楠社区开展食品安全科普宣传活动。活动过程中，宣传人员讲解了与日常饮食生活健康紧密相关的食品安全知识，现场播放了保健食品科普宣传视频《惊梦》，同时对餐饮企业如何落实《中华人民共和国食品安全法》，如何使用食品添加剂、转基因食材等进行了宣介。2023年8月，四川农业大学食品安全宣传志愿者队伍走进雅安市雨城区社区开展“食品安全”

主题趣味科普宣传活动。宣传人员重点宣讲了饮食卫生习惯、一日三餐特点及营养含量、食品添加剂问题等，宣传团队还将针对老年人及少儿，分别开发设计食品安全精品课程。2023 年 9 月，重庆市江津区志愿服务总队在永兴镇新桥社区开展食品安全科普宣传志愿服务活动。此次活动，志愿者讲解了食品安全基本知识，分享了如何认识食物包装袋上食品安全信息（包括生产日期、保质期及储存方法等），同时，现场演示了食物卡喉的急救方法，提高了社区民众对食品安全的重视，增强了民众食品安全问题应急解救的能力，社区食品安全宣传科普实效比较明显。2023 年 9 月，重庆市彭水县开展了“食品安全进社区”主题宣传活动。食品安全讲解员向社区民众讲解了食品安全相关法律法规、食品安全知识、反餐饮浪费、食物中毒的表现及应对，现场指导民众认识食品标签、防范保健品诈骗等，有效提升了社区民众食品安全防范能力。2023 年 11 月，重庆市沙坪坝区市场监管局组织开展 2023 年食品安全宣传周活动。本次宣传周活动形式多样，通过设置咨询台、摆放展板、发放宣传资料等方式向民众科普食品安全知识，宣传杜绝餐饮浪费、提倡节约、使用公勺公筷等，提高了民众对食品安全的重视度，守护了民众舌尖上的安全。2024 年 5 月，成都市龙泉驿区组织开展了食品安全沉浸式科普宣传活动。本次科普活动形式多样，内容丰富，设置了食品安全知识问答、食品安全 VR 体验、食品安全快检、食品安全留言墙、知识展板等，民众全方位、沉浸式参与食品安全宣传，提高了对食品安全学习的兴趣，增加了食品安全知识，为日常饮食安全提供了重要保障。

（二）积极组织开展营养健康宣讲活动

营养健康是国计民生的大事，川渝地区高度重视民众营养健康，认真实施健康中国战略，贯彻落实《国民营养计划（2017—2030 年）》《健康中国行动（2019—2030 年）》等相关文件要求，不断加强营养健康科普宣传。川渝地区营养健康科普宣传主体多样，一般由疾病预防控制中心牵头，卫生健康委、医院、高校、营养相关协会、企业共同参与，协同推进。营养健康科普宣传时机多，积极利用全民营养周、中国学生营养日、防治碘缺乏病日、全民健康生活方式日、全民健康生活方式宣传月等重要时间节点开展营养健康科普宣传。营养健康科普宣传内容丰富，以《中国居民膳食指南》宣讲为抓手，倡导民众积极践行减盐、减油、减糖等“三减”和力争实现“三健”，即健康口腔、健康体重、健康骨骼。同时，针对巴蜀地区民众饮食生活特点，倡议民众减少食用油摄入，少吃烟熏、腌制食品，注重饮食除湿等。饮食健康科普宣传对象聚焦，重点针对学生群体和老年群体，根据不同人群营养健康需求，有的放矢、因人制宜地开展宣传。经过不懈的努力，川渝地区营养健康科普宣传活动持续开展，民众营养健康知识不断增长，饮食行为习惯得到改善，民众营养健康水平不断提高，为健康中国战略实施做出了积极贡献。

川渝地区营养健康科普宣传活动典型案例较多。如 2023 年 4 月，“快乐成长，营养先行”学生营养与健康科普宣传进校园百场活动走进成都校园，本次活动利用宣传手册、展板、讲座等多种形式，向学生宣传营养健康知识，帮助学生改正偏食、挑食、厌食等不良饮食习惯以及预防肥胖、龋齿等不健康现象的发生，在学生心中种下营养健康的种子，提高学生营养健康意识。2023 年 5 月，在我国第 30 个“防治碘缺乏病日”，四川省卫生健康委、四川省经济和信息化厅以及四川省疾控中心在成都联合主办了“科学补碘三十年，利国利民保健康”主题宣传活动。主办方通过发布科普短文、制作并发布科普视频、制作并发放宣传品等形式向市民宣传碘缺乏病病因、表现、危害和预防措施等，积极回应群众关切，提高了民众防治碘缺乏病的意识和能力。2023 年 5 月在全民营养周期间，德阳市疾控中心组织工作人员到春锦社区开展“合理膳食，食养是良医”营养知识科普进社区活动。宣传人员重点讲解了常见毒蘑菇的认识和鉴别方法、误食毒蘑菇的危害等，并对《中国居民膳食指南（2022）》进行了解读，引导居民增强营养意识，在日常生活中合理膳食，改善饮食习惯。2023 年 5 月，重庆市开展了全民营养周主题宣传活动。本次营养宣传活动规模大，重庆市卫生健康委、重庆市疾控中心、重庆市营养师协会、重庆学生营养和健康促进会等多部门联动；宣传对象包括学生、社区居民、单位职工、医院病人等；宣传手段多样，包括食养指南、营养健康知识讲座、营养知识科普推送、营养电视节目播放、营养知识问答等；宣传成效明显，形成了全社会学营养、懂健康的良好氛围，推动了民众科学健康饮食习惯的培养和形成。2023 年 9 月，在全民健康生活方式宣传月期间，“三减三健”从我做起科普宣传活动在成都市双流区部分社区举办。宣传人员现场发放宣传手册，讲解“三减三健”的内容及正确做法，重点对社区老年人进行了科普宣传，建议老年人注重饮食健康，做到吃动平衡，通过饮食实现养生健康的目的。2024 年 5 月，第 10 届全民营养周期间，成都高新区疾控中心在四川省教育科学研究院附属实验小学举办了营养科普宣讲活动。科普人员向小学生讲解了食物营养元素，指导小学生认识读懂食物营养标签，介绍了奶豆添营养、少油更健康的内涵，从而帮助小学生树立了科学营养饮食的理念，逐步纠正不健康的饮食习惯。2024 年 5 月，内江市营养师协会牵头，联合内江市临床营养质控中心、内江市第二人民医院在内江市交通社区开展全民营养周和中国学生营养日主题宣传活动。活动人员为社区居民进行血压和握力检查，测量居民基本健康指标；针对居民个人营养状况进行了个性化饮食健康指导；同时还设置了有奖答题环节，提高了活动的参与度。本次活动的成功举办，有力普及了营养健康知识，提高了民众的营养健康素养，推动了健康中国战略的实施。2024 年 5 月，重庆市公共卫生医疗救治中心举办了全民营养周科普宣传活动。本次活动参与人数达 2000 余人，包括学生、社区居民、患者及家属等。活动项目多样，在学校举办了“临床营养与医院感染控制”知识讲座；在社区开展了营养义诊和健康宣教活动，为老年人举办了增豆、加奶、减油等健康知识讲座；在医院开展了针对患者的营养知识讲座和义诊活动，并为患者进行膳食指导。本次科普宣传活动有力提高了民众科学健康饮食意识，推动了民众健康生活方式形成。

（三）不断加强川菜标准化建设和宣贯，提升川渝地区民众饮食标准化水平

川菜标准化建设是保障食品安全、提升民众饮食营养健康、促进川菜国际化发展的重要方式，也是川渝地区食育的重要内容之一。近年来，川渝地区高度重视川菜标准化建设，成立了川菜标准化技术委员会，集中政府、高校、科研院所、企业专家力量开展标准化制定、实施。努力构建川菜标准体系，川菜发展研究中心作为川菜标准化技术委员会秘书处，牵头制定了包括川菜常用食材选用、川菜烹饪工艺、川菜经典菜肴制作工艺、川菜面点小吃制作工艺、川菜烹饪技术用语与菜名翻译、川菜服务规范等各方面制定标准共计10余项，如《中国川菜常用特色食材选用规范》《中国川菜服务规范》《中国川菜经典菜肴制作工艺规范》《中国川菜烹饪技术用语及菜名翻译规范》《国际川菜经典菜肴制作工艺规范》《国际川菜经典面点小吃制作工艺规范》《中国川菜烹饪工艺规范》《中国川点制作工艺规范》《中国经典川点工艺规范》等。作为川菜重要分支之一的渝菜也加快推进标准化建设。基本建立了渝菜标准体系，内容涵盖渝菜菜品基础、渝菜菜品规范、渝菜常用味型、渝菜烹饪方法、渝菜烹饪设备配置等诸多标准，如《渝菜基础标准》《渝菜烹饪原料标准》《渝菜烹饪方法标准》《渝菜常用味型标准》《渝菜菜品规范标准》《渝菜菜品基础标准》《渝菜烹饪设备配置标准》等，有力助推了重庆餐饮业规范发展。同时，川渝地区其他地市也根据本地餐饮特色，积极推动当地特色菜相关标准的编制，促进了当地特色餐饮品牌的发展。如《嘉州菜 乐山豆腐脑制作工艺规范》《宜宾燃面烹饪技术规范》《冷吃兔生产技术规范》《重庆小面烹饪技术指南》等。一系列川菜标准的制定，为川菜科学规范生产、经营、管理奠定了基础，为民众饮食健康安全提供了重要保障。

川菜标准宣贯是川菜标准化建设的重要内容。川渝地区采取各种措施，大力推进川菜标准宣传推广，努力促进川菜标准得到实际应用，取得实效。一是制定了川菜标准宣传片，在网络、电视、广播等各种媒体平台进行宣传展播，使民众能够方便快捷有效地了解、学习川菜标准。二是推进川菜标准进校园，在开设有烹饪相关专业的学校开展川菜标准教学，讲解川菜标准知识，拓宽学生烹饪专业学习，提升学生专业综合素质。如在2022年、2023年两届川菜烹饪技艺研修班举办期间，开设了川菜标准学习研讨课程，学员积极参与川菜标准的修订完善，锻炼了学员的专业能力，推动了川菜标准的应用推广。三是积极与川菜企业合作，做好川菜标准应用试点工作。川菜标准需要在实践应用中进行检验。川菜标准制定单位积极与川菜相关企业合作，进行川菜标准应用试点。如《中国川菜烹饪工艺规范》《中国川点制作工艺规范》《中国经典川点工艺规范》等标准先后在南贝、银芭、柴门等餐饮公司进行了实践应用。在应用过程中及时发现标准存在的不足，不断对其进行修订完善，确保了川菜标准更加科学合理规范。四是积极利用各

大川菜展会活动加强标准宣贯。川菜展会活动规模大、参与人数多、影响广泛，是川菜标准宣贯的重要契机。川渝地区川菜标准制定单位积极在世界川菜大会、中国成都国际美食旅游节、中国成都国际非物质文化遗产节等举办期间，进行川菜标准宣贯，通过发放宣传手册、宣贯横幅、现场咨询、视频播放、互动游戏等方式讲解川菜标准实施的重要意义，介绍川菜相关标准，使民众对川菜标准有更为深入全面的认识，加快了川菜标准的推广。

（四）以打造天府粮仓为契机，大力宣贯大食物观、节约粮食等理念

民以食为天，粮食安全是国家重大战略之一。近年来，川渝地区高度重视粮食安全，认真贯彻落实《中华人民共和国粮食法》《中华人民共和国反食品浪费法》等相关法律法规，不断加强粮食安全宣传，提高民众节约粮食、反对浪费的意识，努力保障国家粮食安全。川渝地区粮食安全宣传力量强大，一般由各地发展改革委、教育体育局、农业农村局、科学技术局、经济和信息化局、市场监管局、妇联等联合主办。粮食安全宣传活动内容丰富，包括践行大食物观、厉行勤俭节约、反对食物浪费、爱护粮食、养成健康饮食生活习惯以及保护耕地等。粮食安全宣传活动形式多样，发放宣传手册、举办粮食安全讲座、悬挂宣传标语、开展主题展会、组织主题征文比赛、设计短视频直播等线上线下有机结合，提高了民众的体验性和参与度。同时，川渝地区粮食安全宣传突出巴蜀饮食特色，重点针对巴蜀地区粮食种植，保护耕地以及川菜饮食浪费预防进行宣传，将粮食安全宣传与打造更高水平天府粮仓、建设川渝现代高效特色农业带有机融合，不断提高川渝地区民众兴粮爱粮节粮的意识和能力。经过持续不懈的努力，川渝地区民众爱惜粮食、反对浪费的意识逐渐增强，健康饮食习惯逐渐形成，大食物观念不断深入民心，粮油产业高质量发展加快推进，新时代更高水平的天府粮仓正在形成。

川渝地区粮食安全宣传范围广泛。2022 年第 42 个世界粮食日、全国粮食安全宣传周期间，遂宁市举办了粮食安全科普宣传活动。本次科普宣传活动内容丰富，包括《粮食流通管理条例》《四川省粮食安全保障条例》《四川省地方粮食储备管理办法》等涉粮政策法规解读，粮油鉴别、科学储粮、节约粮食、健康饮食等知识讲解，保护耕地、科技种粮方法介绍等。科普宣传形式新颖，悬挂横幅、设置展板、发放宣传资料、咨询服务、有奖竞答等多种形式灵活运用，提高了民众守护粮食安全的意识和能力，促进了爱粮、护粮、惜粮良好社会氛围的形成。2022 年全国粮食安全宣传周期间，重庆市潼南区举办了粮食安全科普宣传活动。主办方通过设置宣传展板、发放宣传单等方式，向民众讲解粮食安全重要意义、粮油知识以及优质粮油鉴别方法等，同时，主办方还组织了节粮爱粮进机关食堂、进校园系列主题活动，扩大了粮食安全宣传普及度，提高了民众对国家粮食安全的重视程度，有力推动了粮食安全战略实施。2022 年自贡市组织开展了全国粮食安全宣传周系列活动。本次活动由市发展改革委、农业农村局、教育体育局等

共计 8 家单位承办，围绕“不让任何人掉队。更好生产、更好营养、更好环境、更好生活”的世界粮食日主题和“保障粮食供给 端牢中国饭碗”的全国粮食安全宣传周主题开展活动。活动内容包括《四川省粮食安全保障条例》解读，本地优质粮油特色产品推介，粮油储藏及营养知识宣传，科学健康饮食倡导等，民众提高了对粮食安全的认识，勤俭节约、反对浪费的饮食消费新时尚逐渐形成。

2023 年 10 月 16 日，世界粮食日和粮食安全宣传周启动，四川主会场活动在眉山举办，同时，全省 21 个市（州）采取线上线下相结合的方式，同步举行形式多样的粮食安全主题宣传活动，推动爱粮节粮、健康消费成为社会新风尚。在粮食安全宣传周期间，重庆多地举办主题活动。其中，大渡口区茄子溪街道兴盛社区组织开展“倡节俭 扬新风 庆国庆”暨“全国粮食安全宣传周”主题活动；渝中区中山四路“米宝宝街角”推出珍惜粮食拍照打卡等形式多样的爱粮节粮系列宣教活动。各区县积极通过科普宣传、动漫展示、实景参观、主题作品征集等形式开展粮食安全宣传活动，努力将践行大食物观、培养健康消费的理念落实到每个地区，深入每位民众心中。此外，川渝地区粮食安全宣传主题鲜明，体现地域特色。2023 年世界粮食日和粮食安全宣传周期间，内江市积极组织开展主题宣传活动。将节约粮食、反对浪费与挖掘推介一批具有较强的示范性、代表性，以及可复制可推广的“践行大食物观 保障粮食安全”典型案例相结合，将推动粮食高质量发展与内江打造国家大型商品粮基地、国家瘦肉猪商品生产基地、中国甜食之都相结合，不断扩大粮食安全宣传的影响力和长效性。2023 年 10 月，乐山市开展了“践行大食物观 保障粮食安全”的主题宣传活动。本次活动重点聚焦耕地保护，向广大民众解读《中华人民共和国土地管理法实施条例》，普及土地管理法律常识，并在现场解答群众的疑问，有力提升了民众保护耕地的意识，推动了粮食安全战略实施。

（五）大力开展川菜非遗保护和川菜文化相关宣传展示活动

川菜位列中国四大菜系之首，是巴蜀民众的日常生活方式，也是川渝地区食育宣传的重要内容。加强川菜烹饪技艺保护宣传展示，不仅能够提升民众创造美好饮食生活的能力，而且能够传承工匠精神，弘扬中华优秀传统文化。近年来，川渝地区积极组织开展川菜非遗保护和川菜文化相关宣传展示活动，活动举办方多样，一般由政府文旅部门、商务部门牵头，高校、烹饪协会、川菜企业积极参与，联合开展。活动内容丰富，展示川菜制作技艺、传承川菜非遗、传播川菜文化，展销与川菜产品有机结合。活动形式新颖，美食展会、烹饪比赛、网络直播等灵活搭配，努力提高民众川菜宣传活动参与度、体验性，增强民众川菜烹饪技能，进而创造美好饮食生活。

1. 不断加强川菜烹饪技艺非遗保护传承

川菜烹饪技艺是国家级非遗项目，是川菜文化的精髓。近年来，川渝地区高度重视川菜烹饪技艺非遗宣传和保护，建立了川菜非遗代表性项目国家、省、市、县四级名录体系。川菜非遗种类丰富，主要包括食材生产加工技艺，菜肴制作技艺，面点小吃制作技艺和饮食民俗类项目，同时，川菜非遗数量繁多，分布范围广泛，川渝各市区均有川菜非遗项目。川菜非遗保护传承有力传播了川菜文化，赓续了中华民族文化基因和精神血脉，是民众开展食育的重要文化宝库。川渝地区国家级、省（市）级川菜非遗代表性项目名录见表 3-3。

表 3-3　　川渝地区国家级、省（市）级川菜非遗代表性项目名录

非遗类别	非遗等级	非遗项目
食材生产加工技艺	国家级	**四川省** 1. 豆瓣传统制作技艺（郫县豆瓣传统制作技艺）；2. 豆豉酿制技艺（潼川豆豉酿制技艺）；3. 酱油酿造技艺（先市酱油酿造技艺）；4. 自贡井盐深钻汲制技艺；5. 保宁醋传统酿造工艺；6. 大英井盐深钻汲制技艺 **重庆市** 1. 豆豉酿制技艺（永川豆豉酿制技艺）；2. 榨菜传统制作技艺（涪陵榨菜传统制作技艺）
	省（市）级	**四川省** 1. 中江手工挂面工艺；2. 石桥挂面制作技艺；3. 洪雅风酱肉制作技艺；4. 腌卤传统制作技艺（九尺板鸭传统制作技艺）；5. 皮蛋制作技艺（杜氏皮蛋腌制技艺）；6. 临江寺豆瓣传统工艺；7. 腐乳酿造技艺（唐场豆腐乳制作技艺）；8. 腐乳酿造技艺（德昌源“桥”牌豆腐乳制作工艺）；9. 腐乳酿造技艺（“长春号”南味豆腐传统手工制作技艺）；10. 温江滴窝油酿造技艺；11. 中坝口蘑酱油酿造工艺；12. 四川泡菜制作技艺（土门泡菜制作技艺）；13. 夹江豆腐乳制作技艺；14. 南溪豆腐干制作工艺；15. 泸州邓氏桂圆干果传统制作技艺；16. 筠连水粉制作技艺；17. 醋传统酿造技艺（太源井晒醋酿制技艺）；18. 酱油酿造技艺（“五比一”酱油酿造技艺）；19. 护国陈醋传统酿制技艺；20. 土法榨油技艺；21. 醋传统酿造技艺（思坡醋传统酿造技艺）；22. 酱菜制作技艺（“周萝卜”酱菜制作技艺）；23. 酱菜制作技艺（“丰源”资中冬尖生产工艺）；24. 龙须淡口菜制作技艺；25. 醋传统酿造技艺（自贡晒醋酿造技艺）；26. 自贡井盐传统熬制技艺；27. 豆豉传统制作技艺（泸州水豆豉传统制作技艺）；28. 酱油传统酿造技艺（双河酱粑酱油传统酿造技艺）；29. 酱菜制作技艺（宜宾芽菜制作技艺）；30. 通江银耳生产传统技艺；31. 豆笋制作技艺（开江豆笋）；32. 渠县黄花生产传统技艺；33. 岳东手工挂面制作技艺；34. 豆腐干制作技艺（观音豆腐干制作技艺）；35. 皮蛋制作技艺（德乡嫂松花蛋制作技艺）；36. 皮蛋制作技艺（泥巴蛋制作技艺）；37. 豆腐干制作技艺（曹氏豆干制作技艺）；38. 醪糟酿造技艺（木门醪糟酿造工艺）；39. 东柳醪糟酿造技艺；40. 邻水麦酱制作技艺；41. 化林坪盐菜制作技艺；42. 盐边油底肉制作技艺；43. 建昌板鸭制作技艺；44. 摩梭人猪膘肉制作技艺；45. 冕宁火腿制作技艺；46. 腐乳酿造技艺（越西豆腐乳制作技艺）；47. 米易红糖土法熬制技艺；48. 老腊肉制作工艺

续表

非遗类别	非遗等级	非遗项目
食材生产加工技艺	省（市）级	**重庆市** 1. 北泉水磨手工面制作技艺；2. 大足冬菜酿制技艺；3. 松溉盐白菜制作技艺；4. 忠州豆腐乳制作技艺；5. 濯水绿豆粉制作技艺；6. 三耳火锅底料酿造技艺；7. 江津酱油、醋酿造技艺；8. 东溪腐乳酿造技艺；9. 仙家豆腐乳传统制作技艺；10. 忠州传统制盐技艺；11. 羊角豆腐干传统制作技艺；12. 桥头火锅调料传统熬制技艺；13. 袁驿豆干传统制作技艺；14. 垫江酱瓜传统制作技艺；15. 冉氏霉豆卷传统制作技艺；16. 鲊（渣）海椒传统制作技艺；17. 涪州腌腊肉传统制作技艺；18. 古佛徐氏手工面制作技艺；19. 重庆泡菜传统制作技艺；20. 飞泉鲜花椒油低温制作技艺；21. 三不加酱油传统酿造技艺；22. 三不加食醋传统酿造技艺；23. 鸭江老咸菜传统制作技艺；24. 白马天然蜂蜜传统酿制技艺；25. 良玉汤圆粉传统制作技艺；26. 南门红糖古法熬制技艺；27. 鱼泉酶豆渣传统制作技艺；28. 土家倒流水豆腐干传统手工制作技艺；29. 辛家老店豆腐乳传统制作技艺；30. 洪安腌菜鱼传统制作技艺；31. 龚滩镇绿豆粉传统制作技艺；32. 麻旺醋传统酿造技艺；33. 涪陵胭脂萝卜泡菜传统制作技艺；34. 蔺市特醋传统酿造技艺；35. 涪陵榨菜酱油传统制作技艺；36. 黄花园酱油酿造技艺；37. “民利权”脂香型酱油酿造技艺；38. 朱沱酸萝卜传统腌制技艺；39. 綦江萝卜干制作技艺；40. 重庆泡菜传统制作技艺（綦江中坝泡菜制作技艺、夔州泡菜制作技艺）；41. 河包粉条制作技艺；42. 土坎苕粉传统制作技艺；43. 夔州老腊肉传统制作技艺；44. 郁山晶丝苕粉制作技艺；45. 江津传统花椒栽培与加工技艺
菜肴制作技艺	省（市）级	**四川省** 1. 夫妻肺片传统制作技艺；2. 豆腐菜肴制作技艺（陈麻婆豆腐制作技艺）；3. 豆腐菜肴制作技艺（龚氏西霸豆腐制作技艺）；4. 豆腐菜肴制作技艺（五通桥西坝豆腐制作技艺）；5. 东坡肘子制作技艺；6. 东坡泡菜制作技艺；7. 家禽菜肴传统烹制技艺（周记棒棒鸡制作技艺）；8. 家禽菜肴传统烹制技艺（桥头堡凉拌鸡传统制作技艺）；9. 腌卤传统制作技艺（双流老妈兔头卤制技艺）；10. 韩包子制作技艺；11. 邹鲢鱼传统制作技艺；12. 宝光寺素食制作技艺；13. 简阳羊肉汤制作技艺；14. 四川火锅传统制作技艺（田鸭肠火锅制作技艺）；15. 糯米咸鹅蛋传统制作技艺；16. 广汉缠丝兔制作技艺；17. 畜肉菜肴传统制作技艺（肥肠菜肴制作技艺）；18. 畜肉菜肴传统制作技艺（跷脚牛肉汤锅制作技艺）；19. 牛肉烹制技艺（自贡火边子牛肉制作技艺）；20. 富顺豆花制作工艺；21. 江门荤豆花传统制作技艺；22. 家禽菜肴传统烹制技艺（观音场月母鸡汤制作技艺）；23. 古蔺麻辣鸡传统制作技艺；24. 叙永豆汤面传统制作技艺；25. 李庄白肉传统制作技艺；26. 长宁县全竹宴传统烹饪技艺；27. 高县土火锅烹饪制作技艺；28. 牛肉烹制技艺（阆中盐叶子牛肉制作技艺）；29. 家禽菜肴传统烹制技艺（徐鸭子传统制作技艺）；30. 四川客家牛肉制作技艺；31. 达县灯影牛肉传统加工技艺；32. 畜肉菜肴传统制作技艺（桂兴羊肉制作技艺）；33. 巴中十大碗制作技艺；34. 浑浆豆花制作技艺

续表

非遗类别	非遗等级	非遗项目
菜肴制作技艺	省（市）级	**重庆市** 1. 重庆火锅；2. 丘二馆炖鸡汤传统技艺；3. 太安鱼烹饪技艺；4. 熊鸭子传统制作技艺；5.“白市驿板鸭”传统制作技艺；6. 荣昌卤白鹅制作技艺；7. 梁平张鸭子传统制作技艺；8. 竹园鼈子鸡传统制作技艺；9. 重庆陆稿荐卤菜传统制作技艺；10. 王鸭子传统制作技艺；11. 邮亭鲫鱼传统制作技艺；12. 合川肉片传统制作技艺；13. 麻辣鸡块传统制作技艺；14. 黔江鸡杂传统制作技艺；15. 谢氏烧烤传统制作技艺；16. 刘记永吉盐水鸭传统制作技艺；17. 来凤鱼传统烹饪技艺；18. 火炉药膳羊肉传统制作技艺；19. 重庆烤鱼技艺（万州烤鱼、巫山烤鱼、巫溪烤鱼）；20. 巴渝羊肉传统制作技艺；21. 重庆火锅传统制作技艺；22. 金佛山方竹笋传统加工工艺；23. 俏表嫂手撕大头菜制作技艺；24. 金佛山方竹笋宴制作工艺；25. 三活春鸡兔鱼烹制技艺；26. 旱蒸牛肉制作技艺；27. 荣昌猪刨汤制作技艺；28. 城口鸡淖传统制作技艺；29. 重庆脆皮鱼传统制作技艺
面点小吃制作技艺	省（市）级	**四川省** 1. 糖画技艺；2. 怀远三绝制作技艺；3. 麻饼制作技艺（汤长发麻饼制作技艺）；4. 赖汤圆传统制作技艺；5. 钟水饺传统制作技艺；6. 四川小吃制作技艺（军屯锅魁制作技艺）；7. 米花糖制作技艺（苏稽香油米花糖制作技艺）；8. 芝麻糕制作技艺（裕泰乾马氏芝麻糕制作技艺）；9. 梓潼片粉制作技艺；10. 梓潼酥饼制作技艺；11. 金丝面制作技艺（全蛋坐杠大刀金丝面）；12. 平武套枣制作工艺；13. 丹棱冻粑制作技艺；14. 梨膏传统制作技艺；15. 安岳米卷制作技艺；16. 荥经挞挞面制作技艺；17. 四川小吃制作技艺（成都肥肠粉制作技艺）；18. 凉粉制作技艺（川中呙凉粉制作技艺）；19. 四川小吃制作技艺（双河凉糕制作技艺）；20. 宜宾燃面传统制作技艺；21. 婴儿米粉制作技艺（泸州肥儿粉传统制作技艺）；22. 蜜饯制作技艺（内江蜜饯制作技艺）；23. 花生酥传统制作技艺；24. 资中罗泉豆腐制作技艺；25. 尧坝黄粑传统制作技艺；26. 东兴区油炸粑制作技艺；27. 四川小吃制作技艺（猪儿粑制作技艺）；28. 两河桃片传统制作技艺；29. 川北凉粉传统制作技艺；30. 广元蒸凉面制作技艺；31. 保宁蒸馍制作技艺；32. 岳池米粉制作技艺；33. 碑庙米豆腐制作技艺；34. 米花糖制作技艺（邻水阴米酥制作技艺）；35. 水淘糌粑；36. 火烧子馍馍制作技艺；37. 冷碛天须花花制作技艺；38. 色达牦牛奶制品制作技艺；39. 花馍馍制作技艺；40. 四川小吃制作技艺（酥酪糕）；41. 泸定凉粉制作技艺 **重庆市** 1. 合川桃片传统制作技艺；2. 鸡肉抄手制作技艺；3. 石宝蒸豆腐制作技艺；4.“瑞兰斋”桃片糕制作技艺；5. 郁山鸡豆花制作技艺；6. 郁山擀酥饼制作技艺；7. 涪陵油醪糟传统制作技艺；8. 吴抄手传统制作技艺；9. 华生园传统糕点制作技艺；10. 黔江斑鸠蛋树叶绿豆腐制作技艺；11. 长寿血豆腐制作工艺；12. 江津米花糖制作技艺；13. 青草坝萝卜卷传统手工技艺；14. 开县“冰薄月饼”传统制作技艺；15. 彭水灰豆腐制作技艺；16. 九园包子传统制作技艺；17. 正东担担面传统制作技艺；18. 北碚豆花传统制作技艺；19. 土沱麻饼传统制作技艺；

续表

非遗类别	非遗等级	非遗项目
面点小吃制作技艺	省（市）级	20. 长寿薄脆传统制作工艺；21. 万州杂酱面传统制作技艺；22. 黔江牛肉脯传统制作技艺；23. 陈氏抄手传统技艺；24. 磁器口陈麻花传统制作技艺；25. 南泉豌豆面传统制作技艺；26. 紫水豆腐传统制作技艺；27. 斑鸠叶凉粉传统制作技艺；28. 冉师傅牛肉干传统制作技艺；29. 重庆小面制作技艺；30. 官村麻糖制作技艺；31. 余记山城小汤圆传统制作技艺；32. 吉香园传统中式点心制作技艺；33. “蝶花牌”怪味胡豆传统制作技艺；34. 益泰祥段氏奇香炒货制作技艺；35. 李氏养身粥熬制技艺；36. 刘氏烧鸡公制作技艺；37. 金角老四川牛肉干制作技艺；38. 垫江石磨豆花制作技艺；39. 香山蜜饼传统制作技艺；40. 巫山梨膏糖传统制作技艺；41. 翡翠凉粉传统制作技艺；42. 水口银丝面传统制作技艺；43. 鞍子酥食制作技艺；44. 龙塘麻糖制作技艺；45. 川东花生传统制作技艺
饮食民俗	国家级	**四川省** 1. 羌年；2. 火把节（彝族火把节）；3. 彝族年
	省（市）级	**四川省** 1. 成都鸣堂习俗；2. 彝族年箭塔年猪祭；3. 种酒习俗；4. 汉源花椒生产民俗；5. 雅连生产习俗；6. 合江早豆花习俗；7. 泸州老窖封藏大典；8. 焦滩乡大端阳节；9. 川南请春酒；10. 阆中春节习俗；11. 锯山娅“大肉会”；12. 丹巴香猪腿制作及食用习俗；13. 果子制作及使用习俗；14. 秧勒节；15. 藏历年；16. 嘉绒藏族新年；17. 羌族婚俗；18. 嘉绒藏族春耕仪式；19. 彝族尝新节；20. 会理县端午节习俗 **重庆市** 1. 尝新习俗；2. 荣昌杀年猪习俗；3. 华岩寺腊八节；4. 盐运民俗；5. 城口十大碗；6. 夔州食俗；7. 秀山救饭制作与分享习俗；8. 秀山米豆腐食俗；9. 土家三道席传统习俗；10. 茶树红苗长桌宴

（根据中国非物质文化遗产网、四川非遗网及重庆市非遗相关网站信息整理而成）

由上表统计分析，川渝地区川菜非遗国家级和省（市）级代表性非遗项目总计 283 项，其中四川省有 152 项，占比 54%，重庆市有 131 项，占比 46%。从非遗等级来看，川渝地区川菜国家级非遗代表性项目有 11 项，占比 4%，省（市）级非遗代表性项目有 272 项，占比 96%。从非遗类别来看，食材生产加工技艺类非遗代表性项目有 101 项，占比 36%；菜肴制作技艺类非遗代表性项目有 63 项，占比 22%；面点小吃制作技艺类非遗代表性项目有 86 项，占比 30%；饮食民俗类非遗代表性项目有 33 项，占比 12%。川渝地区川菜非遗代表性项目名录的构建有力推动了川菜非遗保护传承，为提升民众创造美好饮食生活能力、弘扬工匠精神、传承川菜文化发挥了重要作用。

举办川菜非遗进校园活动，积极向学生宣传川菜非遗、传播川菜非遗，传承川菜非遗技艺。2023年4月，川菜非遗特色项目之郫县豆瓣制作技艺走进四川旅游学院开展传承传播活动。活动现场郫县豆瓣非遗传承人兰云贵讲解、展示了郫县豆瓣传统制作技艺，学生们纷纷向非遗传承人请教，积极学习、体验郫县豆瓣非遗技艺，有力传播了川菜非遗。2023年5月，川菜非遗省级代表性传承人王开发走进绵竹市职业中专学校开展川菜非遗传承活动。王开发介绍了自己大半生川菜从业经历，勉励学生热爱餐饮，培养敬业乐业精神。接着，介绍了川菜非遗保护基本情况，展示了川菜非遗技艺，学生对川菜非遗产生了浓厚兴趣，激发了对川菜非遗保护传承的动力。2023年12月，李庄白肉非遗传承人王强走进宜宾市李庄中学开展川菜非遗进校园活动。川菜非遗传承人王强首先介绍了李庄白肉的历史与文化，亲自展示了李庄白肉传统制作技艺，随后学生们纷纷上台体验李庄白肉刀工技术，感受川菜非遗魅力。此次川菜非遗进校园活动的开展推动了川菜非遗保护传承，使学生进一步增强了家国情怀，弘扬了中华优秀传统文化。2024年文化和自然遗产日期间，罗江糯米咸鹅蛋非遗传承人谢玉荣走进罗江区金山镇第一小学开展川菜非遗传承活动。谢玉荣首先与学生一起诵读社会主义核心价值观，增强学生爱国之情。之后，她介绍了糯米咸鹅蛋非遗保护基本情况，示范指导学生亲自动手制作糯米咸鹅蛋，体验川菜非遗的匠心精神，最后进行非遗知识有奖问答，使学生对非遗有了更深的了解认识，增强了川菜非遗保护传承的热情，为培养川菜非遗传承人奠定了基础。

积极利用线上资源，开展线上线下相结合的方式宣传推广川菜非遗。现代信息社会，网络宣传力量强大。川菜非遗积极借助利用网络加强宣传，宣传速度快，宣传范围广、成效明显，快速提高了川菜非遗知名度和影响力。如2020年初，四川旅游学院作为川菜烹饪技艺非遗保护单位，积极与文化和旅游部相关部门和省市区各级部门合作，多层级开展川菜非遗的传承传播，在学校微信公众号推出“川菜非遗讲堂·跟着大师学川菜”专题，与文化和旅游部“文旅中国”总部联合推出相关专题活动，与新浪微博联合推出非遗公开课，制作并推出“川菜传统烹饪技艺”1期，有力传承弘扬了川菜传统技艺与文化。2022年7月，在天府根脉——四川省非物质文化遗产精品展暨四川省黄河流域非遗展期间，“川菜烹饪技艺”省级非遗代表性传承人徐孝洪、钟志惠参加了“天府旅游美食荟”的美食直播活动。两位川菜非遗省级传承人向观众展示了川菜传统名品——九色攒盒菜品的制作技艺、“四际宴”凉菜制作技艺和蛋烘糕的制作技艺，直播间的观众人数达到10余万人，推动了川菜非遗快速传播，促进了川菜非遗创造性转化和创新性发展。2023年6月，川菜非遗亮相央视一套著名节目《非遗里的中国》。川菜非遗省级代表性传承人徐孝洪在节目里展示了火爆腰花、豆瓣鱼、麻婆豆腐、宫保鸡丁、回锅肉、鸡豆花等川菜非遗技艺，介绍了经典川菜非遗保护情况。该节目在央视频首播，近50万人观看，相关视频、图片在各大网络平台被纷纷传播，有力宣传了川菜非遗，弘扬了川菜文化。

2. 通过美食节，宣传展示川菜烹饪技艺

美食节是美食宣传展示交流的盛会，其主题突出，特色鲜明，民众参与度高，影响广泛，成为各地打造节庆品牌的重要方式。近年来，川渝地区美食节精彩纷呈，不断涌现，在美食节举办过程中，展示川菜烹饪技艺、进行厨艺大比拼、现场制作品鉴美食成为重头戏。活动举办方积极组织专业厨师及普通民众参与川菜制作技艺比拼，在切磋中相互取长补短，锤炼技艺，同时，参观者通过观赏品鉴，学习了川菜高超的烹饪技艺，体会到了川菜精深的文化，增强了制作川菜的兴趣，提升了自己创造美好饮食生活的能力，受到了一次深刻的食育。

成都国际美食节作为成都市政府主办的重要节庆活动，截至 2023 年，已连续举办 20 届。2023 年 10 月，成都国际美食节锦江会场开展了“巧媳妇”厨艺比拼活动，社区民众积极参与川菜制作，从食材准备到刀工、调味、制熟、装盘，全程操作，一道道菜品色香味形俱佳，创意十足，赢得了评委的高度评价。通过比赛，社区民众拉近了彼此的距离，提升了烹饪技艺，培养了对厨艺、对生活的热爱之情。世界川菜大会是川菜行业重量级节庆活动，截至 2023 年，已举办 6 届。每届世界川菜大会举办期间，都会组织开展世界川菜烹饪技能大赛、世界中华火锅宴大赛等赛事，各位川菜大厨齐聚比赛现场，纷纷使出看家本领，展示川菜精湛的烹饪技艺，创制精美绝伦的川菜美食，有力宣传了川菜文化，进一步塑造了川菜品牌。2023 年世界中华火锅宴大赛由来自北京、重庆、成都等地的近 40 支队伍、近 100 人组成。各位选手分别从火锅底料、刀工处理、文化创意、营养搭配、器皿搭配、凉菜小吃等方面进行比拼，有力提升了四川火锅、成都火锅制作技艺，传承弘扬了巴蜀地区火锅文化。2024 年 3 月，第八届四川（泸州）美食节暨四川泸州菜烹饪技能大赛在泸州举办。本次大赛各参赛选手纷纷使出看家本领，创新制作展示泸州特色菜品，切磋交流泸菜烹饪技艺，有力传播了泸菜文化，推动了川菜文化的宣传和弘扬。

除大型综合性美食节庆外，川渝各地积极结合当地美食特色，推出极具地方风味的美食节。如简阳羊肉节、乐至烤肉节、开江小龙虾节、重庆小面文化节等。在特色主题美食节举办期间，大厨现场制作、展示特色美食，民众积极参与美食体验，有效宣传了地方特色美食文化，拉动了地方美食旅游经济的发展。2023 年 3 月，第三届中国重庆小面文化节在大渡口区举办，节庆期间，开展“巴渝工匠杯”重庆小面技能大赛，专业选手同台竞技重庆小面制作技艺，社区民众同场交流重庆小面制作经验，有力宣传了重庆小面文化，推广了巴蜀特色美食制作技艺，加强了对民众的食育。2023 年 12 月，简阳市第二十届羊肉美食文化旅游季正式启动。本届旅游季活动内容丰富，食客不仅能品尝到美味的羊肉、羊汤，还可以了解感受简阳羊肉文化，畅游简阳各大景点，将饮食与旅游有机融合，激发了简阳羊肉产业效应。2024 年 1 月，自贡富顺县举办了豆花文化旅游季系列活动。本次活动以“龙腾才子乡・品味豆花城”为主题，旨在传承弘扬富顺豆花文化。游客既可以在富顺文庙・西湖品豆花、领略“非遗”文化，又可以参加富顺传统节日活动，逛庙会游园，还可以体验人文游、研学游、乡村游三条旅游线路，进一步塑造提升了富顺豆花旅游品牌，推动了川菜文化传播。2024 年 7 月，四川乐至县第十二届烧烤美食文化节顺利开幕。本届烧烤节以乐至烧烤为亮点，同时推出了川菜各品类美食，将川菜与文化、生活深度融合，带给民众极致舒畅的美食享受的同时，加快了川菜特色美食的宣传推广。

五、川渝地区食育载体建设加快推进

食育载体是食育开展的基础条件和重要抓手。近年来，川渝地区不断加快食育载体建设。食育载体建设单位多样，政府、学校、科研院所、行业协会、企业协同合作，统一行动。食育载体类型丰富，包括饮食文化博物馆、非遗技艺体验基地、美食街区、美食节庆活动、食品安全教育基地、粮食安全教育基地等，囊括了饮食生产与加工技艺、食品安全、饮食礼仪与习俗、饮食思想、饮食营养等食育内容。食育载体主题鲜明，功能齐全，集教育、科普、研学、体验、宣传展示于一体，突出食育的层次性、系统性。食育载体的不断建设，为川渝地区食育开展提供了重要的食育场所，丰富了食育的方式方法，保护传承了食育文化，为川渝地区食育高质量发展奠定了重要基础。

（一）巴蜀饮食文化博物馆与饮食类非遗体验基地不断建立

饮食文化博物馆、饮食类非遗体验基地是保护传承川菜文化，传授川菜烹饪技艺的重要场所。近年来，川渝地区比较重视饮食文化博物馆、饮食类非遗体验基地建设。各地加强建设规划，加大支持力度，整合各方力量，结合当地饮食文化特色，建成了一大批类型丰富、设施先进、功能齐全、特色突出的饮食文化博物馆，为保护传承巴蜀饮食文化，开展川菜文化研学游、促进川菜文化创造性转化和创新性发展提供了重要保障。同时，各地积极申报、建立饮食类非遗体验基地，加强饮食类非遗项目保护传承，壮大饮食类非遗传承人队伍，认真开展饮食类非遗体验活动，充分发挥饮食类非遗社会价值和民众价值，为促进民众川菜烹饪技艺水平提升，传播巴蜀饮食文化思想，传承巴蜀饮食礼仪与习俗发挥了重要作用。川渝地区代表性饮食文化博物馆见表 3–4。

表 3-4　　川渝地区代表性饮食文化博物馆

序号	名称	地区
1	中国川菜博览馆	四川
2	川菜文化体验馆	四川
3	成都川菜博物馆	四川
4	成都饮食文化博物馆	四川
5	中国酱文化博览园	四川
6	中国保宁醋文化博览园	四川
7	中国泡菜博物馆	四川
8	自贡盐业博览园	四川
9	盐帮菜博物馆	四川
10	泸菜博物馆	四川
11	重庆火锅博物馆	重庆
12	重庆小面博览馆	重庆
13	蒙山茶史博物馆	四川
14	世界茶文化博物馆	四川
15	中国川红博物馆	四川
16	重庆沱茶历史博物馆	重庆
17	五粮液酒文化博物馆	四川
18	泸州老窖酒文化博物馆	四川
19	剑南春酒史博物馆	四川
20	水井坊博物馆	四川
21	文君酒史馆	四川
22	川酒文博馆	四川
23	重庆高粱酒文化体验馆	重庆
24	重庆三耳国酒文化博物馆	重庆
25	美心红酒博物馆	重庆

从上表可以看出，川渝地区代表性饮食文化博物馆种类丰富，数量众多，总计有25家。从地域来看，其中四川代表性饮食文化博物馆有19家，占比76%；重庆代表性饮食文化博物馆有6家，占比24%。从饮食文化博物馆种类来看，其中，与川菜相关的博物馆有12家，占比48%，与茶文化相关的代表性博物馆有4家，占比16%，与酒文化相关的代表性博物馆有9家，占比36%，由此可见，川渝地区川菜相关代表性博物馆数量最多，而茶文化代表性博物馆数量最少。再从川菜相关代表性博物馆类型来看，川

菜文化综合类博物馆有 4 家，分别为中国川菜博览馆、川菜文化体验馆、成都川菜博物馆、成都饮食文化博物馆等。同时，川菜相关特色代表性博物馆有 8 家，它们主要由地方特色菜博物馆如重庆火锅博物馆、盐帮菜博物馆和川菜特色调味品博物馆如自贡盐业博览园、中国保宁醋文化博览园等构成。川渝地区饮食文化博物馆的建设发展，有力保护传承了巴蜀饮食文化，为川渝地区饮食文化育人功能的发挥提供了重要保障。川渝地区代表性饮食文化博物馆类别对比见图 3–2。川渝地区代表性饮食文化博物馆占比见图 3–3。

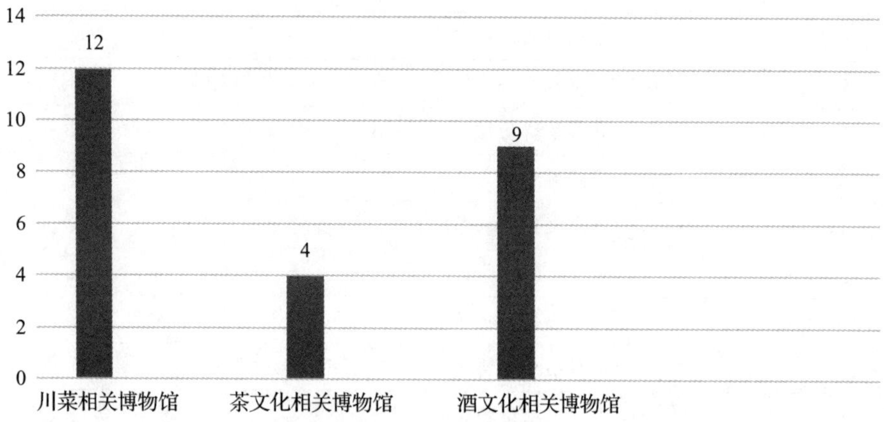

图 3–2 川渝地区代表性饮食文化博物馆类别对比（单位：个）

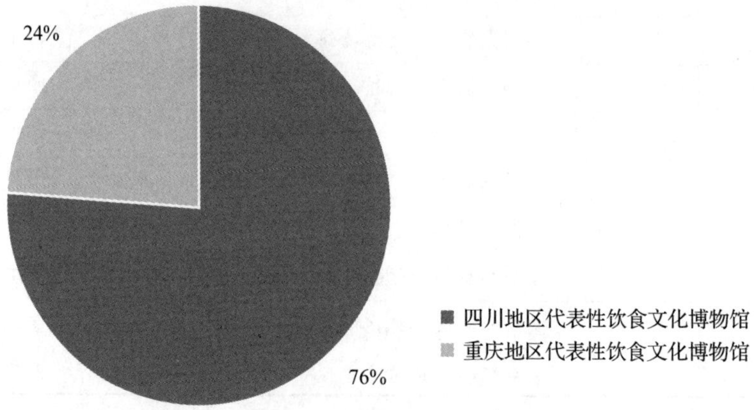

图 3–3 川渝地区代表性饮食文化博物馆地区占比

同时，川渝地区饮食类非遗体验基地不断建立。这些非遗体验基地一方面不断加强饮食类非遗项目保护传承，另一方面，不断增加饮食类非遗体验性和互动性，真正让民众走进非遗、体验非遗，感受川渝地区饮食类非遗魅力和匠人精神，理解饮食类非遗的守正与创新，从而更好地接受食育。川渝地区代表性饮食类非遗体验基地见表 3–5。

表 3-5　　川渝地区代表性饮食类非遗体验基地

序号	名称	级别	地区
1	成都川菜产业园郫县豆瓣技艺体验基地	国家级	四川
2	成都唐昌郫县豆瓣技艺体验基地	国家级	四川
3	自贡大安井盐深钻汲制技艺体验基地	国家级	四川
4	泸州合江先市酱油酿造体验基地	国家级	四川
5	重庆永川豆豉技艺体验基地	国家级	重庆
6	达州大竹东柳醪糟酿造体验基地	省级	四川
7	成都川菜博物馆川菜技艺体验基地	省级	四川
8	泸州婴儿米粉技艺体验基地	省级	四川
9	泸州合江黄粑技艺体验基地	省级	四川
10	巴中通江银耳生产体验基地	省级	四川
11	眉山巧巧赵氏核桃糕技艺体验基地	省级	四川
12	眉山东坡泡菜体验基地	省级	四川
13	临江寺豆瓣技艺体验基地	省级	四川
14	宜宾思坡醋酿造体验基地	省级	四川
15	南充保宁醋传统酿造体验基地	省级	四川
16	南充阆州醋传统手工酿造体验基地	省级	四川
17	宜宾思坡醋酿造体验基地	省级	四川
18	眉山洪雅幺麻子藤椒油技艺体验基地	省级	四川
19	雅安蒙顶山蒙山茶技艺体验基地	省级	四川
20	川红工夫红茶技艺体验基地	省级	四川
21	宜宾天府龙芽技艺体验基地	省级	四川
22	雅安友谊茶厂南路边茶技艺体验基地	省级	四川
23	阿坝汶川西部边茶体验基地	省级	四川
24	白茶技艺体验基地	市级	四川
25	宜宾五粮液酿造体验基地	省级	四川
26	泸州老窖酒酿制体验基地	省级	四川
27	遂宁射洪沱牌曲酒酿制体验基地	省级	四川
28	成都水井坊酿造技艺体验基地	省级	四川
29	崇州崇阳大曲酿制体验基地	省级	四川
30	资阳石岭两节山老酒酿造体验基地	省级	四川

（根据四川省、重庆市非遗相关网站信息整理而成）

从上表可以看出，川渝地区饮食类代表性非遗体验基地数量繁多，种类丰富。其中，与川菜相关代表性非遗体验基地有18家，数量最多，占比达60%，在川菜相关代表性非遗体验基地中，川菜调味品类非遗体验基地数量最多，有13家，占比为72.2%；与川茶相关代表性非遗体验基地有6家，占比为20%；与川酒相关代表性非遗体验基地有6家，占比为20%。从非遗体验基地级别来看，川渝地区国家级饮食类代表性非遗体验基地有5家，占比为16.7%，省级饮食类代表性非遗体验基地有25家，占比为83.3%。从非遗体验基地分布来看，四川地区饮食类代表性非遗体验基地有29家，重庆地区仅有1家，这与重庆市文旅部门没有正式开展市级非遗体验基地评选有关。川渝地区饮食类代表性非遗体验基地的建立，为民众体验饮食类非遗技艺、弘扬传播巴蜀地区饮食文化发挥了重要作用。川渝地区代表性饮食类非遗体验基地类别对比见图3-4。

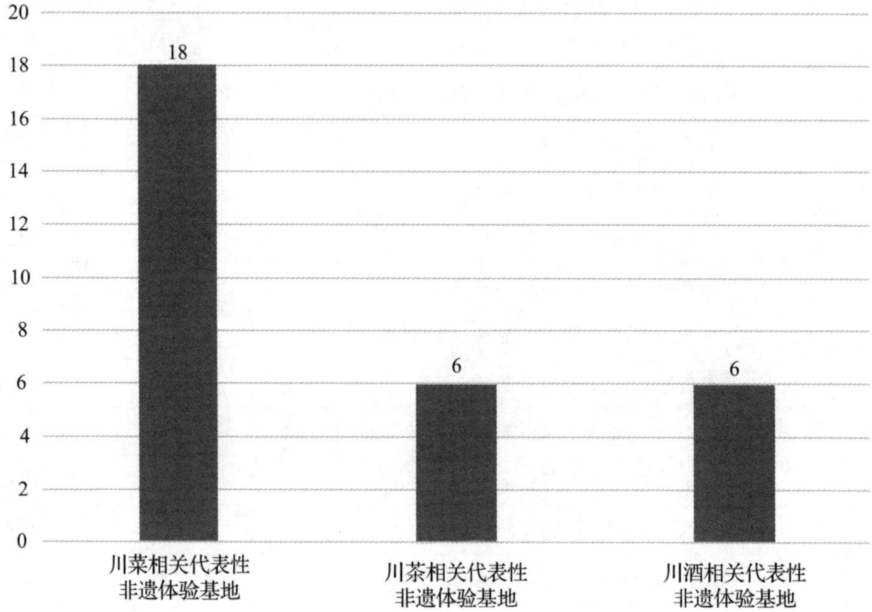

图3-4 川渝地区代表性饮食类非遗体验基地类别对比（单位：个）

（二）川渝地区农场研学游蓬勃发展

随着对食育的愈发重视，近年来，川渝地区诸多企业纷纷开发建立特色农场，为研学游、亲子游提供重要场所。川渝地区农场分布广泛、数量众多、功能齐全。几乎在川渝每一个城市的郊外都建有农场，农场集观光、研学、休闲、娱乐、体验于一体，农场内活动内容丰富，游客既可以进行瓜果蔬菜、农作物种植采摘收获，家禽家畜喂养和河鲜捕捞，又可以进行播种、水稻插秧、打稻谷等农业劳作，体验学习磨豆花、做豆腐、打糍粑、做年糕等食物制作活动，感受川渝地区传统民俗文化，还可以全家一起烧烤、野炊，共享聚餐的喜悦。农场的建立有力推动了川渝地区食育的发展，不仅使民众能够沉浸式学习认识食材，掌握食材种植养殖技艺，而且能够增强民众饮食制作能力，享受美好田园时光，传承民俗文化，感受中华农耕文明的魅力，进而弘扬中华优秀传统文化。川渝地区代表性农场见表 3-6。

表 3-6　　川渝地区代表性农场

序号	地区	农场名称
1	四川省	1. 崇州凡朴农场；2. 新津番薯藤 TINA 庄园；3. 天府新区小草垛田野农场；4. 青白江哼哼农场；5. 青白江自然王国；6. 郫都多利桃花源有机农业产业园；7. 温江区依田桃源；8. 麓客岛动物农场；9. 为君开庄园；10. 龙泉驿区柏杨林家农场；11. 温江区岩坤家庭农场；12. 天府新区飨韵天府·秒趣农场；13. 大邑县格林庄园；14. 崇州市陶巴巴家庭农场；15. 都江堰花溪农场；16. 蒲江县石象村花涧和鸣蓝莓谷；17. 崇州缘道家庭农场；18. 都江堰市紫湖农场；19. 蒲江微耕农庄；20. 尚作崇义有机农庄；21. 绵阳荆桃农场；22. 绵阳麋鹿国际农场；23. 德阳乌龙嘴农场；24. 乐山咔咔头农场；25. 自贡安谷田园农庄；26. 宜宾南溪欢乐田园；27. 泸州绿野仙踪家庭农场；28. 南充渔耕源农场；29. 广元市朝天区沙河镇金牛农场；30. 广安峨凤岭森林农庄；31. 达州梦幻农庄；32. 巴中乡瓣童年田园综合体；33. 雅安禾茂田园动物农场；34. 西昌市暴石农场；35. 攀枝花沃尔森芒果农庄
2	重庆市	1. 沐丰园生态农场；2. 渔人营地；3. 何去禾从；4. 金石花语露营基地；5. 渝北区远景农场；6. 江津区鲁能美丽乡村；7. 渝北区野兽花园农庄；8. 渝北区凤凰谷四季田园；9. 角蛙爸爸农场；10. 沙坪坝区七彩祥耘开心农场；11. 九龙坡区毛毛虫生态农场；12. 巴南区彩色森林；13. 南川区懒懒山谷自然农场；14. 北碚区苓茏苑；15. 璧山区遇见天河农庄；16. 沙坪坝区小桑田；17. 巴南区山水牧歌生态体验式农场；18. 渝北区野兽花园农庄；19. 江小白金色黄庄；20. 沙坪坝小桑田亲子农庄；21. 北碚区稻野农场；22. 璧山区溪边有树亲子农场

由上表可以看出，川渝地区农场分布较广，其中成都市和重庆市中心城区农场建设较为集中。川渝地区农场在打造综合农业休闲体验的基础上，注重突出特色，依托当地资源优势，努力塑造特色食育品牌。如蒲江花涧和鸣蓝莓谷，依托 300 余亩生态蓝莓基地，着力打造集蓝莓采摘、蓝莓美食制作、蓝莓文化鉴赏等于一体的特色食材研学游基地。蒲江微耕农庄是一家以耕为主题，以农为特色的现代农业综合体验园。该农场民众可以进行耕地、插秧、播种、收割稻谷、农畜喂养等农业劳动，锻炼了民众劳动能力，传承了中华传统农耕文化。璧山区遇见天河农庄是一家以农业采摘为主题的生态农庄。民众春天采摘樱桃、桑葚，夏天采摘桃子、李子、葡萄，秋天采摘柿子、梨子，冬天采摘橘子、柚子、橙子，在水果采摘过程中感受季节的变化，学习水果种植知识。江小白金色黄庄依托江小白酿酒原料优质高粱生产基地，打造了大地乐园、大地酒馆、大地艺

术馆、拾光花坊等特色景点，民众既可以参与高粱种植收获，又可以感受江小白深厚的白酒酿造文化，传承白酒非遗技艺，带来不一样的农场体验。

（三）川渝地区餐饮节庆活动纷纷兴起

餐饮节庆活动是展示美食烹饪技艺、让民众参与美食体验、传播美食文化的重要平台，也是食育的重要载体。近年来，川渝地区比较重视餐饮节庆活动的举办，各地注重体现当地饮食文化特色，充分开发利用当地特产资源，不断增强餐饮节庆活动民众的体验感，创新活动形式、丰富活动内容，通过餐饮节庆活动，带动了当地文化旅游业的发展，增长了民众参与美食制作的热情，弘扬了巴蜀饮食文化。如成都国际美食节已连续举办二十届，成为成都地区规模最大、参与人数最多、影响力最强的美食节庆活动，有力提升了民众喜欢川菜、制作川菜、品鉴川菜的兴趣，弘扬了川菜文化。

同时，餐饮评选、比赛也是餐饮节庆活动的重要组成部分。川渝地区积极举办餐饮评选、比赛活动，如名菜评选、烹饪比赛、名店比拼等，代表性的赛事活动有：四川省烹饪技能大赛、四川工匠杯职业技能大赛、重庆小面专项技能大赛等。川渝地区餐饮赛事规格高、规模大，参与人数多，影响广泛，诸多赛事已成为当地知名活动品牌，为加强餐饮行业交流，提高厨师烹饪技艺，传承饮食文化做出了突出贡献。如：2021 年，四川省同时开展了天府旅游美食推选推广活动和天府名菜评选与促销活动，共评选出 100 道省级天府旅游美食和 100 道天府名菜[①]；2022 年，四川省商务厅指导“味美四川”川派餐饮省级评审委员会在全省范围内开展了“四川省乡村名菜及体验店”遴选工作，最终认定四川省 150 道乡村名菜和 490 家体验店名单。2024 年 4 月，重庆市文化旅游委和商务委联合发布了重庆旅游美食“渝味 360 碗”，评选出 360 道重庆特色旅游美食，塑造了重庆旅游美食品牌。这些美食评选活动有力带动了川渝地区餐饮的发展，传播了川菜文化，为川渝地区开展食育提供了重要条件。川渝地区代表性名菜见表 3-7。川渝地区代表性餐饮节庆、赛事活动见表 3-8。

表 3-7　　川渝地区代表性名菜

序号	名菜类型	名菜名称
1	省级天府旅游美食（100 道）	1. 回锅肉；2. 开水白菜；3. 宫保鸡丁；4. 豆瓣鱼；5. 鱼香肉丝；6. 夫妻肺片；7. 陈麻婆豆腐；8. 盘飧市卤菜；9. 樟茶鸭；10. 简阳羊肉汤；11. 富顺豆花；12. 自贡冷吃兔；13. 牛佛烘肘；14. 盐边油底肉；15. 盐边牛肉；16. 米易铜火锅；17. 尧坝红汤羊肉；18. 古蔺麻辣鸡；19. 白马

① 郭静雯.100 道省级代表性天府旅游美食出炉［N/OL］. 四川日报，2021-07-21.

续表

序号	名菜类型	名菜名称
1	省级天府旅游美食（100道）	鸡汤；20. 江门荤豆花；21. 连山回锅肉；22. 糯米咸鹅蛋；23. 江油肥肠；24. 太白鸡；25. 剑门豆腐；26. 鼎锅炖腊肉；27. 剑门火腿土鸡养生煲；28. 大千干烧鱼；29. 资中鲇鱼；30. 跑马滩砣砣鱼；31. 老池盘龙鳝；32. 西坝豆腐；33. 乐山甜皮鸭；34. 雪魔芋烧鸭；35. 李庄白肉；36. 筠连椒麻鸡；37. 张飞牛肉；38. 西充铜火锅；39. 南江黄羊滋补汤锅；40. 江口青鳙豆花鱼；41. 灯影牛肉；42. 三汇水八块；43. 武胜渣渣鱼；44. 桂兴羊肉；45. 宝兴藏式火锅；46. 九襄黄牛肉；47. 石棉烧烤；48. 汉阳棒棒鸡；49. 东坡肉；50. 东坡肘子；51. 酸酸鸡；52. 苌弘鲇鱼；53. 松潘土火锅；54. 青稞炖牦牛肉；55. 绵虒豆腐；56. 羊肚菌炖鸡；57. 会理土火锅；58. 西昌火盆烧烤；59. 坨坨肉；60. 四川火锅；61. 鲜锅兔；62. 跷脚牛肉汤锅；63. 什锦泡菜；64. 水煮牛肉；65. 鸡豆花；66. 坛子肉；67. 松茸炖土鸡；68. 龙抄手；69. 钟水饺；70. 成都肥肠粉；71. 双流老妈兔头；72. 羊马查渣面；73. 成都担担面；74. 蛋烘糕；75. 盐边羊肉米线；76. 坐杠大刀金丝面；77. 八宝油糕；78. 绵阳米粉；79. 梓潼酥饼；80. 广元蒸凉面；81. 甜城白糖糕；82. 罗泉豆腐包子；83. 遂州蜜糖烤红薯；84. 观音素麻花；85. 宜宾燃面；86. 双河凉糕；87. 川北凉粉；88. 南充米粉；89. 保宁蒸馍；90. 恩阳提糖麻饼；91. 通江银耳莲子羹；92. 大竹黄粑；93. 邻水肉汤圆；94. 豌豆面；95. 荥经挞挞面；96. 丹棱冻粑；97. 红油米卷；98. 土豆糍粑；99. 团结包子；100. 水淘糌粑
2	省级天府名菜（116道）	1. 鱼香肉丝；2. 蒜泥白肉；3. 开水白菜；4. 担担面；5. 赖汤圆；6. 龙抄手；7. 钟水饺；8. 宫保鸡丁；9. 麻婆豆腐；10. 夫妻肺片；11. 回锅肉；12. 鸡豆花；13. 樟茶鸭；14. 炖蹄花；15. 水煮牛肉；16. 姜汁热窝鸡；17. 麻辣兔头；18. 油烫鹅；19. 简阳羊肉汤；20. 豆瓣鱼；21. 犀浦鲢鱼；22. 白果炖鸡；23. 水煮黄辣丁；24. 川味老腊肉；25. 四川泡菜；26. 宝光禅排；27. 自贡美蛙；28. 自贡冷吃兔；29. 荣州麻辣鸡；30. 火边子牛肉；31. 鲜锅兔；32. 富顺豆花；33. 盐边油底肉；34. 盐边牛肉；35. 攀枝花羊肉米线；36. 泸县头碗；37. 泸州酒香排骨；38. 泸州白马鸡汤；39. 泸州叙永豆汤面；40. 古蔺麻辣鸡；41. 广汉缠丝兔；42. 什邡板鸭；43. 连山回锅肉；44. 纹江鳜鱼；45. 孝泉裹汁牛肉；46. 江油肥肠；47. 绵阳米粉；48. 梓潼镶碗；49. 盐亭软烧藿香鳜鱼；50. 仙海生态火锅鱼；51. 崩山豆腐；52. 天麻罐罐鸡；53. 女皇蒸凉面；54. 朝天核桃饼；55. 青川铜火锅；56. 青豆肥肠；57. 遂州红苕丸子；58. 灵芝白苕丸；59. 半筋半牛肉；60. 射洪手撕牛肉；61. 大千干烧鱼；62. 内江牛肉面；63. 资中鲇鱼；64. 资中罗泉豆腐包子；65. 雪魔芋烧鸭；66. 峨眉鳝丝；67. 乐山甜皮鸭；68. 跷脚牛肉；69. 乐山钵钵鸡；70. 乐山豆腐脑；71. 川北凉粉；72. 南部肥肠；73. 德乡品碗；74. 阆苑三绝；75. 升钟卧龙鲊；76. 宜宾燃面；77. 李庄白肉；78. 高县土火锅；79. 筠连椒麻鸡；80. 筠连水粉；81. 桂兴羊肉；82. 武胜麻哥面；83. 牌坊卤鹅；84. 岳池米粉；85. 达州满坛香；86. 宣汉凤财麻辣鸡；87. 石梯蒸鱼；88. 大竹鱼头王；89. 白玉鱼汤；90. 雾露银耳包；91. 枣林船家子鱼；92. 滋补黄羊汤；93. 荥经

续表

序号	名菜类型	名菜名称
2	省级天府名菜（116道）	挞挞面；94. 石棉烧烤；95. 雅安砂锅雅鱼；96. 荥经棒棒鸡；97. 雪芽东坡肉；98. 东坡肘子；99. 丹棱冻粑；100. 碗碗羊肉；101. 藤椒钵钵鸡；102. 倒罐蒸桑叶土鸡；103. 柠香脆皮鱼；104. 乐至烤肉；105. 苌弘鲢鱼；106. 酸奶人参果；107. 松茸炖鸡；108. 藏餐拼盘；109. 舌灿莲花卷；110. 土陶火锅；111. 菌汤土鸡锅；112. 火烧子馍馍；113. 邛海醉虾；114. 西昌火盆烧烤；115. 彝家乌金猪坨坨肉；116. 彝家酸菜土豆鸡
3	渝味360碗头碗菜（43道）	1. 重庆火锅；2. 重庆小面；3. 万州烤鱼；4. 黔江鸡杂；5. 涪陵榨菜鱼；6. 老四川枸杞牛尾汤；7. 大渡口酸菜黄焖鸭；8. 铁山坪花椒鸡；9. 歌乐山辣子鸡；10. 九龙坡二郎卤鹅；11. 南山泉水鸡；12. 三溪口豆腐鱼；13. 渝北水煮鱼；14. 巴县陈血旺；15. 长寿鱼面；16. 江津酸菜鱼；17. 合川肉片；18. 永川豆豉鲫鱼；19. 金佛山方竹笋蹄花汤；20. 綦江北渡鱼；21. 大足邮亭鲫鱼；22. 璧山来凤鱼；23. 铜梁油烧兔；24. 潼南太安鱼；25. 荣昌卤鹅；26. 开州大混蒸；27. 梁平张鸭子；28. 武隆碗碗羊肉；29. 城口农家腊肘子；30. 丰都麻辣鸡；31. 垫江石磨豆花；32. 石宝蒸豆腐；33. 云阳羊脚脚；34. 奉节竹园篮子鸡；35. 巫山烤鱼；36. 巫溪烤鱼；37. 石柱莼菜鱼；38. 洪安腌菜鱼；39. 酉阳土家油茶汤；40. 彭水鸡豆花；41. 大竹林焖烧鸡；42. 八零一香辣螺蛳；43. 白市驿板鸭

（根据四川省文化和旅游厅、四川省商务厅、重庆市文化和旅游发展委员会、重庆市商务委员会官方网站相关信息整理而成）

表3-8　　川渝地区代表性餐饮节庆、赛事活动

序号	种类	活动名称	举办地
1	餐饮节庆	中国成都国际美食旅游节	成都
2		世界川菜大会	四川（举办城市不固定）
3		成都熊猫亚洲美食节	成都
4		全国糖酒会	成都
5		中国（重庆）国际美食节	重庆
6		中国（重庆）火锅美食文化节	重庆
7		重庆小面文化节	重庆
8		盐帮菜美食节	自贡
9		羊肉美食文化节	简阳
10		大千美食文化节	内江
11		中国（四川）火锅美食文化节	成都
12		南溪豆腐干食品文化节	南溪

续表

序号	种类	活动名称	举办地
13	餐饮节庆	双流草莓文化节	成都
14		万州烤鱼节	重庆
15		柚子采摘节	重庆
16	餐饮赛事	四川省烹饪技能大赛	四川（举办城市不固定）
17		“四川工匠杯”职业技能大赛	四川（举办城市不固定）
18		川菜创新大赛	四川（举办城市不固定）
19		四川省地方旅游特色菜大赛	四川（举办城市不固定）
20		机关企事业单位烹饪技术技能大赛	四川（举办城市不固定）
21		重庆小面专项技能大赛	重庆
22		“江渝味”厨艺比赛	重庆
23		乡村菜品烹饪大赛	重庆
24		巴渝工匠杯烹饪大赛	重庆
25		中国火锅技能大赛	重庆

（根据川渝地区各地旅游官网相关信息整理而成）

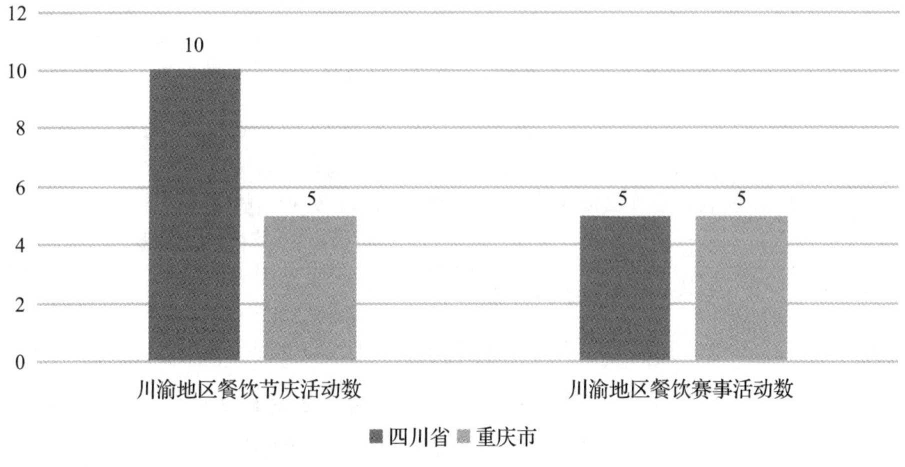

图 3-5　川渝地区餐饮节庆、赛事数量对比（单位：个）

从表 3-8 分析得出，川渝地区餐饮节庆、赛事活动百花齐放，精彩纷呈，主要餐饮节庆、赛事活动达 25 项。川渝地区代表性的餐饮节庆活动有 15 项，其中，四川地区有 10 项，重庆市有 5 项。从节庆活动级别来看，川渝地区国际级餐饮节庆活动有 4 项，国家级餐饮节庆活动有 3 项，地方特色餐饮节庆活动有 8 项。同时，川渝地区主要餐饮赛事活动有 10 项，其中，四川主要餐饮赛事活动有 5 项，重庆市餐饮赛事活动有 5 项，两地平分秋色。一系列餐饮节庆、赛事活动的举办，塑造了川渝地区餐饮品牌，创新了食育形式，丰富了食育内容，传播了川菜文化。川渝地区餐饮节庆、赛事数量对比见图 3-5。

（四）川渝地区积极打造川菜美食街区、美食古镇

美食街区、美食古镇是美食产业的重要环节，是饮食文化的集中展示地，是民众体验美食、传承饮食礼仪与习俗、进行食育的最佳场所。近年来，川渝地区积极打造、建设特色美食街区、美食古镇。将美食街区与城市热门商圈有机融合，注重挖掘城市川菜特色文化，突出美食街区文化特色与底蕴。同时，不断丰富美食街区餐饮业态，建设美食品牌，汇集各地美食；不断提高民众对美食的体验度和参与性，感受博大精深的川菜文化。经过多年建设，川渝地区美食街区遍地林立，特色鲜明，远近闻名，为拉动地区餐饮产业发展、推动食育开展、传承弘扬巴蜀饮食文化发挥了重要作用。川渝地区代表性特色美食街（区）见表 3-9。

表 3-9　川渝地区代表性特色美食街（区）

序号	地区	美食街区名称
1	四川省	1. 凤凰山国际美食城；2. 夜游锦江美食街区；3. 宽窄巷子美食街区；4. 锦里美食街区；5. 铁像寺美食街区；6. 龙潭湾文化美食特色街区；7. 光明街生态火锅特色街区；8. 戛纳湾特色美食商业街；9. 天府绿道美食景区；10. 永立·星城都美食街区；11. 鳌山坊美食精品餐饮特色街区；12. 国际川菜小镇
2	重庆市	1. 观音桥美食街区；2. 解放碑美食街区；3. 三峡广场美食街区；4. 龙湖时代天街美食街区；5. 大学城美食街区；6. 杨家坪美食街区；7. 大坪美食街区；8. 南坪美食街区；9. 九街美食街区；10. 较场口美食街区

（根据成都、重庆餐饮业发展相关文件整理而成）

从上表分析得出，川渝地区代表性特色美食街区达 22 个，其中，四川代表性特色美食街区有 12 个，重庆特色美食街区有 10 个，两地特色美食街区数量基本持平。川渝地区美食街区种类多样，特色鲜明。既有历史悠久、文化氛围浓厚的传统美食街区（如锦里美食街区），又有现代时尚、商业气息浓厚的综合美食街区（如凤凰山国际美食城），美食街区建设为川渝地区展示川菜烹饪技艺、传承巴蜀饮食礼仪与习俗、弘扬巴蜀饮食价值观念做出了应有的贡献。川渝地区主要美食街数量对比见图 3-6。

同时，川渝地区积极开展美食古镇建设，认真申报国家级、省级历史文化名镇，加强古镇修复保护，大力挖掘古镇美食文化，展示古镇特色食俗，推动古镇餐饮企业提档升级，塑造古镇美食品牌。目前，川渝地区获批国家级历史文化名镇达 48 个。川渝地区美食古镇（国家级历史文化名镇）见表 3-10。

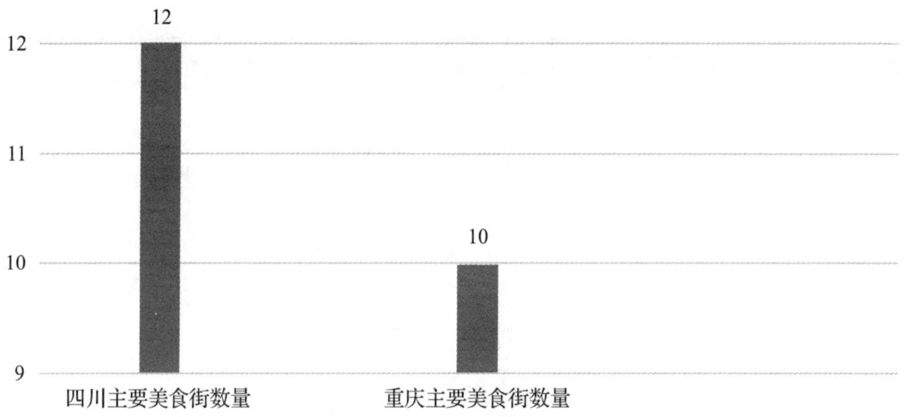

图 3-6　川渝地区主要美食街数量对比（单位：个）

表 3-10　川渝地区美食古镇（国家级历史文化名镇）

序号	古镇名称	地点	序号	古镇名称	地点
1	平乐镇	四川	20	二郎镇	四川
2	安仁镇	四川	21	罗泉镇	四川
3	新场镇	四川	22	云顶镇	四川
4	黄龙溪镇	四川	23	老观镇	四川
5	洛带镇	四川	24	恩阳镇	四川
6	五凤镇	四川	25	白衣镇	四川
7	元通镇	四川	26	毛浴镇	四川
8	清溪镇	四川	27	昭化镇	四川
9	郪江镇	四川	28	石桥镇	四川
10	柳江镇	四川	29	李庄镇	四川
11	上里镇	四川	30	龙华镇	四川
12	仙市镇	四川	31	横江镇	四川
13	艾叶镇	四川	32	龙兴古镇	重庆
14	牛佛镇	四川	33	走马镇	重庆
15	三多寨镇	四川	34	金刀峡镇	重庆
16	赵化镇	四川	35	丰盛镇	重庆
17	尧坝镇	四川	36	中山镇	重庆
18	福宝镇	四川	37	白沙镇	重庆
19	太平镇	四川	38	龙潭镇	重庆

续表

序号	古镇名称	地点	序号	古镇名称	地点
39	路孔镇	重庆	44	涞滩镇	重庆
40	安居镇	重庆	45	西沱镇	重庆
41	松溉镇	重庆	46	双江镇	重庆
42	东溪镇	重庆	47	温泉镇	重庆
43	宁厂镇	重庆	48	濯水镇	重庆

（根据国家公布的四川省、重庆市历史文化名镇相关资料整理而成）

从上表分析得出，川渝地区美食古镇共计 48 个，其中四川地区美食古镇有 31 个，占比 64.6%，重庆市美食古镇有 17 个，占比 35.4%，四川美食古镇数量多于重庆市。这些美食古镇为保护巴蜀饮食文化遗产、传承巴蜀饮食礼仪与习俗、宣传川菜特色美食、展示川菜特色烹饪技艺发挥了重要作用。川渝地区美食古镇数量占比见图 3-7。

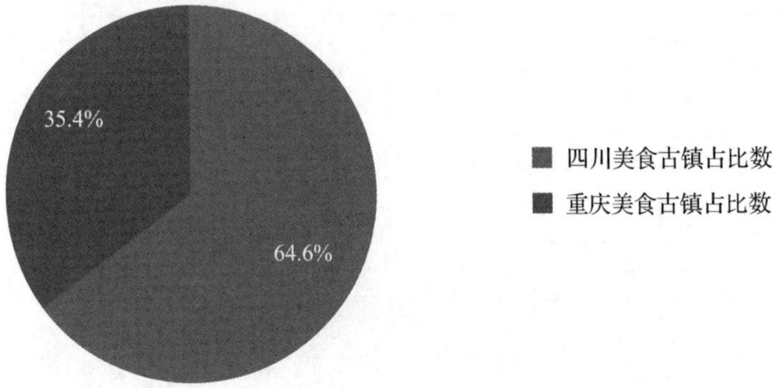

图 3-7　川渝地区美食古镇数量占比

（五）川渝地区餐饮名店、老字号加快高质量发展

餐饮店是民众饮食消费的重要场所，也是食育的重要载体，在宣传健康饮食观念、传承饮食礼仪习俗、传播饮食文化等方面发挥着重要作用。近年来，川渝地区不断加快建设餐饮店铺，努力打造餐饮名店、老字号。经过不断建设发展，川渝地区餐饮名店、老字号类型丰富、数量繁多、分布广泛。其中餐饮名店实力较强，川渝地区既有一定数量的米其林餐厅、黑珍珠餐厅等，又有诸多企业纳入了星级酒店、信用等级酒店、中国餐饮百强企业、中国餐饮品牌力百强企业等。同时，川渝地区餐饮老字号规模不小，四川和重庆均有中华老字号餐饮企业，两省市还分别评定出大量的四川老字号和重庆老字号企业。它们在引领川渝地区餐饮企业高质量发展方面发挥了重要作用。

川渝地区努力发挥餐饮名店、老字号的食育功能。一是注重餐饮名店、老字号环境育人，做好店面清洁卫生，实施明厨亮灶工程，悬挂食品卫生标识，张贴“勤俭节约、杜绝浪费”“光盘行动”“使用公勺公筷”等宣传标语，引导民众关注食品安全，养成良好饮食习惯。二是注重餐饮名店、老字号菜品育人。努力为民众提供绿色、营养、健康、便捷、时尚、个性化的饮食品，在增强民众饮食审美鉴赏能力的同时，不断提升民众饮食营养健康水平。三是注重餐饮名店、老字号管理服务育人，坚守诚信经营、货真价实、童叟无欺，服务热情周到、诚信友善、平等待人，是社会主义核心价值观的生动践行，能够推动民众进一步增强家国情怀。四是注重餐饮名店、老字号文化育人。餐饮名店、老字号重视品牌建设，努力挖掘凝练传承企业文化，坚持守正与创新，秉持工匠精神，对川菜非遗保护、川菜文化传播和弘扬中华优秀传统文化起到了重要作用。2010—2022 年川渝地区餐饮百强企业见表 3-11。

表 3-11　　2010—2022 年川渝地区餐饮百强企业

地区	餐饮企业名称
四川地区	1. 海底捞火锅；2. 眉州东坡餐饮管理（北京）有限公司；3. 四川香天下餐饮管理有限公司；4. 成都大蓉和餐饮管理有限公司；5. 四川麻辣空间餐饮管理有限公司；6. 成都市源创巴国布衣餐饮股份有限公司；7. 成都皇城老妈酒店管理有限公司；8. 四川省成都市饮食公司；9. 四川卞氏菜根香泡菜餐饮有限责任公司；10. 四川廖排骨有限公司；11. 成都谭鱼头投资股份有限公司；12. 成都味道江湖菜餐饮娱乐管理有限公司；13. 成都三只耳火锅连锁有限公司；14. 成都老房子餐饮管理有限公司；15. 成都佘氏一把骨餐饮管理有限公司
重庆地区	1. 重庆陶然居饮食文化（集团）股份有限公司；2. 重庆刘一手餐饮管理有限公司；3. 重庆秦妈餐饮管理有限公司；4. 重庆市巴江水饮食文化有限公司；5. 重庆五斗米饮食文化有限公司；6. 重庆奇火哥快乐餐饮有限公司；7. 乡村基快餐连锁有限公司；8. 重庆朝天门餐饮控股集团有限公司；9. 重庆德庄实业（集团）有限公司；10. 重庆巴将军饮食文化发展有限公司；11. 重庆市武陵山珍经济技术开发有限公司；12. 重庆和之吉饮食文化有限公司；13. 重庆佳永小天鹅餐饮有限公司；14. 重庆骑龙饮食文化有限责任公司；15. 重庆市毛哥食品开发有限公司；16. 重庆孔亮饮食文化有限公司；17. 重庆苏大姐餐饮文化有限责任公司；18. 重庆市全居饮食文化有限公司；19. 重庆市朝天盟餐饮管理有限公司；20. 重庆顺水鱼饮食文化有限公司；21. 重庆市铁哥们企业管理服务有限公司；22. 重庆回味碗餐饮文化集团有限公司；23. 重庆菜香源餐饮文化有限公司；24. 重庆香锅年代餐饮管理有限公司；25. 重庆沈洪存餐饮管理有限公司；26. 重庆顺水鱼饮食文化有限公司；27. 重庆守柴炉餐饮管理有限公司；28. 重庆徐鼎盛餐饮管理有限公司；29. 重庆市叙知香餐饮文化有限公司；30. 重庆香佰里餐饮管理有限公司；31. 重庆杨记味功夫餐饮管理有限公司；32. 重庆杨记誉诚品牌管理有限公司；33. 重庆豪渝餐饮管理有限公司

（根据中国烹饪协会发布的年度中国餐饮企业百强名单整理而成）

从上表分析得出，川渝地区餐饮百强企业共计48家，其中，四川地区餐饮百强企业有15家，占比31.3%；重庆市餐饮百强企业有33家，占比68.7%。川渝地区餐饮百强企业在促进川菜产业发展、推动食品安全、满足民众营养膳食需求方面产生了重要影响。川渝地区餐饮中华老字号企业见表3-12。四川省第一至第三批餐饮老字号企业见表3-13。重庆市第一至第六批餐饮老字号企业见表3-14。

表3-12　　川渝地区餐饮中华老字号企业

序号	名称	注册商标
1	成都市饮食公司（龙抄手店）	龙
2	四川省成都市饮食公司（赖汤圆店）	赖
3	四川省成都市饮食公司（钟水饺店）	钟
4	四川省成都市饮食公司（夫妻肺片店）	夫妻
5	四川省成都市饮食公司（荣乐园）	荣乐园
6	四川省成都市饮食公司（盘飧市）	盘飧市
7	四川省成都市饮食公司（耗子洞鸭店）	耗子洞
8	成都新通惠实业有限责任公司（张老五凉粉）	张老五
9	成都新通惠实业有限责任公司（痣胡子龙眼包子宾隆店）	痣胡子
10	成都通锦达商贸有限责任公司（洞子口张凉粉）	洞子口张
11	成都九远饮食有限责任公司（韩包子店）	韩
12	成都市桂花庄食品有限公司	桂花庄
13	崇州市老号汤长发麻饼厂	汤长发
14	罗江县豆鸡有限责任公司	罗江
15	乐山市光洪食品有限责任公司	苏稽
16	四川雄健实业有限公司	雄健丰田
17	四川川北（凉粉）饮食文化有限公司	川北
18	四川保宁蒸馍有限公司	保宁
19	四川鼎兴食品有限公司	鼎兴
20	合江县先市酿造食品有限公司	先市
21	四川省三台县潼川农产品开发有限责任公司	潼川
22	四川张飞牛肉有限公司	张飞
23	眉山马旺子餐饮管理有限公司	马旺子
24	重庆市商务集团饮食服务有限公司	颐之时
25	重庆桥头火锅饮食服务有限公司	桥头
26	重庆金星股份有限公司	金角
27	重庆市江津米花糖有限责任公司	玫瑰牌

续表

序号	名称	注册商标
28	重庆桂楼食品股份有限公司	桂楼
29	重庆市永川豆豉食品有限公司	永川
30	重庆白市驿板鸭食品有限责任公司	白市驿
31	重庆黄花园酿造调味品有限责任公司	黄花园
32	云阳县前进食品厂	瑞兰斋
33	重庆市忠县忠州腐乳酿造有限公司	石宝寨
34	重庆张鸭子食品有限公司	张鸭子
35	重庆小洞天饮食（集团）有限责任公司小洞天饭店	小洞天
36	重庆冠生园食品有限责任公司	冠生园
37	重庆市江津酿造调味品有限责任公司	迈进
38	重庆市武隆区羊角豆制品有限公司	羊角豆干
39	重庆徐鼎盛餐饮管理有限公司	徐鼎盛

（根据中华人民共和国商务部中华老字号信息管理平台资料整理而成）

表 3-13　　四川省第一至第三批餐饮老字号企业

序号	地点	名称	品牌（字号）名称
1	成都	四川省成都市饮食公司	带江草堂
2	成都	成都九远饮食有限责任公司	韩
3	成都	成都市饮食公司	粤香村
4	雅安	四川省荥经县周记祖传棒棒鸡	周
5	绵阳	绵阳四维餐饮娱乐有限公司	四维
6	乐山	乐山市中心城区游记肥肠汤店	游记
7	乐山	乐山市中心城区宝华园烧麦馆	宝华园
8	眉山	眉山市东坡区马旺子饭店	马旺子
9	成都	都江堰市杨梦糖果食品厂	杨梦
10	眉山	眉山东坡区老字号晋凤羊肉店	晋凤
11	眉山	仁寿县张二心食品厂	张二心
12	眉山	仁寿县文林镇张记糕点厂	张记
13	眉山	四川省惠通食业有限责任公司	惠通
14	绵阳	三台县潼川农产品开发有限责任公司	潼川
15	自贡	自贡市蜀江春餐饮食品有限公司	蜀江春
16	自贡	自贡市富顺小留芬酒楼	留芬
17	自贡	富顺县刘锡禄豆花城	刘锡禄

续表

序号	地点	名称	品牌（字号）名称
18	泸州	四川省正味正点食品厂	泸州肥儿粉
19	内江	四川省资中县丰源食品有限公司	丰源
20	内江	四川省天一食品有限公司	天一
21	内江	内江市市中区马氏酥枣免商店	马品荣
22	宜宾	南溪县郭氏明丽食品厂	採玲
23	广元	剑阁县剑门关宾馆	剑门
24	广元	剑阁县剑门火腿有限责任公司	剑门
25	南充	四川张飞牛肉有限公司	张飞
26	南充	南充市金巴蜀食品有限公司	佳客来
27	广安	四川省岳池县天登食品有限责任公司	天登
28	达州	四川省宕府王食品有限责任公司	宕府王
29	达州	四川东柳醪糟有限责任公司	东汉
30	巴中	四川省通江县银耳有限责任公司	雪花
31	巴中	四川省南江县土产果品公司	光雾山

（根据四川省发布的第一至第三批四川老字号名单整理而成）

表 3-14　　重庆市第一至第六批餐饮老字号企业

序号	地点	企业名称	品牌（字号）名称
1	渝中区	重庆渝中商业发展有限公司	吴抄手
2	渝中区	重庆渝中商业发展有限公司	小滨楼
3	渝中区	重庆渝中商业发展有限公司	陆稿荐
4	沙坪坝区	重庆凌汤圆食品有限公司	凌汤圆
5	沙坪坝区	重庆市磁器口陈麻花食品有限公司	陈昌银麻花
6	南岸区	重庆会利元酒家	会利元
7	南岸区	重庆王一汉餐饮发展有限公司	陆派・巴倒烫
8	南岸区	重庆膳合餐饮管理有限公司	唐肥肠
9	北碚区	重庆北泉面业有限公司	北泉
10	渝北区	渝北区土沱食品厂	土沱麻饼
11	渝北区	重庆市渝北区静观醋酿造食品有限责任公司	静观醋
12	长寿区	重庆怀达食品有限公司	怀达血豆腐
13	江津区	重庆远洋花生有限公司	远洋花生
14	合川区	重庆市合川区同德福桃片有限公司	同德福

续表

序号	地点	企业名称	品牌（字号）名称
15	合川区	重庆市荣记桃片有限公司	荣记三民斋
16	綦江区	綦江区东溪酿造有限责任公司	东溪
17	铜梁区	重庆市天厨天雁食品有限责任公司	天厨
18	丰都县	丰都县麻辣兄弟食品有限公司	孙记麻辣鸡
19	垫江县	重庆市树臣食品有限责任公司	赵牛肉
20	垫江县	重庆明月山农业综合开发有限公司	李酱园
21	武隆区	重庆市武隆区羊角老醋厂	羊角老醋
22	武隆区	重庆市武隆区羊角豆制品有限公司	羊角豆干
23	巫山县	重庆洪昌达食品有限责任公司	洪昌达
24	彭水县	彭水县殷氏老字号擀酥饼厂	擀酥王
25	彭水县	重庆杜氏擀酥食品有限公司	郁镇
26	万州区	重庆乾方天地科贸有限公司	冉师傅牛肉干
27	涪陵区	重庆市涪陵宝巍食品有限公司	八缸榨菜
28	渝中区	重庆尚滋苑食品有限公司	尚滋苑
29	渝中区	重庆渝中商业发展有限公司	丘二馆
30	渝中区	重庆渝中商业发展有限公司	王鸭子
31	渝中区	重庆渝中商业发展有限公司	德元
32	渝中区	重庆渝中商业发展有限公司	顺庆
33	渝中区	重庆颐之时饮食服务有限公司	新描容
34	渝中区	重庆宾馆有限公司	重庆宾馆
35	江北区	重庆互好商贸发展有限责任公司	熊鸭子
36	南岸区	重庆天馋蜀都餐饮管理有限公司	南泉豌豆面
37	南岸区	重庆金四环餐饮有限公司	陈佬鸽
38	北碚区	重庆缙云食品有限公司	缙云食品
39	北碚区	重庆市北碚区饮食服务有限责任公司	兼善餐厅
40	长寿区	重庆最巴适农产品有限公司	长寿沙田柚
41	合川区	重庆市合川吕氏鸡肉抄手店	吕氏鸡肉抄手
42	合川区	重庆满店香饮食文化传播有限公司	满店香
43	合川区	重庆市友军食品有限公司	香脆椒
44	合川区	合川念记肉片厂	合川肉片
45	永川区	重庆市永川区福六酿造厂	朱沱酿造
46	永川区	重庆菜花香酱菜有限责任公司	菜花香酱菜

续表

序号	地点	企业名称	品牌（字号）名称
47	南川区	重庆一唱雄鸡餐饮文化有限公司	刘氏烧鸡公
48	大足区	重庆市宝顶酿造有限公司	宝顶酿造
49	大足区	重庆玉龙山食品有限公司	铁山粉条
50	大足区	重庆黄良松腌腊食品有限公司	黄氏腌腊制品
51	大足区	重庆市邮亭刘三姐餐饮文化有限公司	邮亭鲫鱼
52	荣昌区	荣昌区三惠餐饮文化有限责任公司	荣昌三惠鹅
53	梁平区	重庆袁驿豆制品有限责任公司	袁驿豆干
54	忠县	重庆西厢阁粮油食品厂	西厢阁
55	奉节县	奉节县舒氏杂糖加工厂	舒氏杂糖
56	酉阳县	重庆市麻旺食品有限公司	麻旺醋
57	璧山区	重庆市璧山区大江龙餐饮文化有限公司	大江龙
58	合川区	重庆市合川区天星麸醋厂	从龙牌
59	江北区	重庆人道美食品连锁	人道美
60	梁平区	重庆市梁平谢鸭子食品	谢鸭子
61	梁平区	重庆市蓝醇食品科技开发有限公司	蓝醇
62	梁平区	重庆市梁平区胖婆福德鸡餐饮	胖婆福德
63	綦江区	重庆德宜信食品有限公司	饭遭殃
64	沙坪坝区	重庆苏大姐餐饮文化	苏大姐
65	石柱土家族自治县	石柱土家族自治县倒流水食品	倒流水
66	渝北区	重庆广积良餐饮有限公司	广积良
67	渝中区	重庆朝天门餐饮控股集团	朝天门
68	渝中区	重庆渝中商业发展有限公司	一四一
69	渝中区	重庆渝中商业发展有限公司	高豆花
70	渝中区	重庆渝中商业发展有限公司	正东
71	渝中区	重庆渝中商业发展有限公司	九园
72	渝中区	重庆汇源火锅研究所	白乐天
73	渝中区	重庆五斗米饮食文化有限公司	五斗米
74	忠县	重庆源源龙脉食品有限公司	良玉
75	渝中区	重庆永真基餐饮管理有限公司	霹雳火
76	渝中区	重庆五斗米饮食文化有限公司	守柴炉烤鸭
77	九龙坡区	重庆摊摊面餐饮文化有限公司	秦云老太婆摊摊面
78	九龙坡区	重庆市精灵子蜂业有限责任公司	精灵子蜂蜜

续表

序号	地点	企业名称	品牌（字号）名称
79	南岸区	重庆海滨鑫缘饮食文化有限公司	鑫缘
80	南岸区	重庆品然餐饮文化有限公司	俞福记烤鸭
81	北碚区	重庆家福饮食文化有限公司	家福火锅
82	北碚区	重庆八旺饮食文化有限公司	八旺火锅串串
83	渝北区	重庆沈洪存餐饮管理有限公司	沈家洪城火锅
84	渝北区	重庆秦妈餐饮文化有限公司	秦妈火锅
85	渝北区	重庆味全餐饮管理有限公司	华稼杂粮面
86	涪陵区	重庆市平易粮油有限公司	渝粮
87	綦江区	重庆吉义食品有限公司	安稳羊肉
88	綦江区	綦江区綦河春老字号北渡鱼酒家	綦河春北渡鱼
89	綦江区	綦江区东溪刘氏黑鸭店	东溪刘氏黑鸭
90	大足区	重庆市鼎翔农业发展有限公司	宝顶牌冬尖
91	江津区	重庆芝麻官实业股份有限公司	芝麻官
92	璧山区	璧山区罗板鸭卤菜经营部	罗板鸭
93	璧山区	重庆市锦宏居餐饮文化有限公司	锦宏居
94	璧山区	璧山区唐兔卤制品经营部	唐兔
95	荣昌区	重庆市荣昌区牛鹅情食品有限公司	旱蒸牛肉
96	荣昌区	重庆市荣昌区敖家巷喻氏羊肉馆	敖家巷羊肉
97	万州区	重庆万州程凉面餐饮文化有限公司	程凉面
98	万州区	重庆飞亚实业有限公司	飞马食品
99	梁平区	重庆市迎宾胡鸭子食品有限责任公司	胡鸭子
100	城口县	重庆市城口县鸡鸣茶业有限责任公司	鸡鸣茶
101	彭水县	彭水印象饮食文化有限公司	王家牛肉
102	渝中区	重庆渝中商业发展有限公司	四象村
103	渝中区	重庆唐糕祖食品有限公司	唐糕祖
104	渝中区	重庆清华大酒楼有限责任公司	清华
105	渝中区	重庆市齐齐餐饮文化有限公司	齐齐火锅
106	渝中区	重庆颐之时饮食服务有限公司	三鼎
107	渝中区	重庆颐之时饮食服务有限公司	味苑
108	渝中区	重庆晓宇餐饮文化管理有限公司	渝味晓宇
109	大渡口区	重庆市大渡口区红厨食府	红厨食府
110	大渡口区	重庆华生园食品有限公司	华生园

续表

序号	地点	企业名称	品牌（字号）名称
111	大渡口区	重庆井谷元食品科技有限公司	井谷元
112	江北区	重庆鹅公鸭王餐饮管理有限公司	轩轻鸭王子
113	江北区	重庆市寨子饮食文化有限公司	愚小面
114	江北区	江北区渝跃饮食店	张抄手
115	沙坪坝区	重庆臻厨餐饮文化有限公司	雷家老农民
116	沙坪坝区	沙坪坝区婆婆客餐馆	婆婆客
117	沙坪坝区	重庆市柏林麻油厂	双嗒
118	沙坪坝区	重庆香蕙园餐饮管理有限公司	左婆婆扁担面
119	沙坪坝区	重庆徐鼎盛餐饮管理有限公司	徐鼎盛民间菜
120	九龙坡区	重庆周君记火锅食品有限公司	周君记
121	九龙坡区	重庆三五世全食品有限公司	三五
122	九龙坡区	重庆菜香源餐饮文化有限公司	菜香源
123	九龙坡区	重庆馨亚油脂有限公司	馨田
124	九龙坡区	重庆九龙坡区梯坎豆花馆	梯坎豆花
125	九龙坡区	重庆华山玉餐饮管理有限公司	华山玉
126	南岸区	重庆华亮餐饮管理有限公司	白象街
127	南岸区	重庆古月泉水饮食文化有限公司	古月泉水
128	北碚区	重庆佳仙食品有限公司	佳仙
129	渝北区	重庆胖子天骄融兴食品有限责任公司	胖子
130	渝北区	重庆市渝北区两路镇翠云水煮鱼餐馆	翠云
131	渝北区	重庆杨记味功夫餐饮管理有限公司	杨记隆府
132	渝北区	重庆帆田商贸有限公司	飞泉
133	巴南区	重庆卓立粮油食品有限公司	小蜜蜂
134	巴南区	重庆传亮粮油有限公司	南泉挂面
135	两江新区	重庆粮食集团人和臻源米业有限公司	人和
136	两江新区	两江新区弓虽餐馆	弓虽昌
137	涪陵区	重庆市涪陵榨菜集团股份有限公司	乌江牌涪陵榨菜
138	綦江区	綦江区周安荣肥肠馆	永新老街肥肠
139	綦江区	綦江区扶欢巷子米粉馆	扶欢巷子米粉
140	大足区	重庆市青和饮食文化有限公司	邮亭陈鲫鱼
141	长寿区	重庆市长寿区可又可食品有限公司	君豪

续表

序号	地点	企业名称	品牌（字号）名称
142	江津区	重庆市荷花米花糖（集团）有限责任公司	荷花牌米花糖
143	江津区	重庆熊阿姨饮食文化有限公司	熊阿姨
144	江津区	重庆韩氏瓦缸食品有限责任公司	韩氏瓦缸
145	江津区	重庆市几江米花糖有限公司	几江米花糖
146	合川区	合川区民利权酿造厂	民利权
147	合川区	重庆海粥王餐饮文化有限公司	李海粥王
148	合川区	重庆酱人调味品有限公司	酱人
149	永川区	重庆市永川区佳美调味品有限责任公司	庆美
150	永川区	重庆市永川区君意食品厂	君意
151	永川区	永川区宗盛食品厂	黄大嫂红豆腐
152	铜梁区	重庆市铜梁区赵木二羊肉餐饮有限公司	赵木二
153	铜梁区	铜梁区三活春餐馆	三活春
154	荣昌区	重庆市荣昌区小罗食品科技开发有限公司	小罗卤鹅
155	荣昌区	濑溪河酒业有限公司	濑溪河白酒
156	万州区	重庆北三玖玖玖餐饮管理有限公司	999 大酒楼
157	万州区	重庆市万州区新绿粮油有限公司	良恭
158	万州区	重庆明海食品有限公司	明海
159	城口县	重庆市城口县赵孝春野生食品开发有限公司	赵孝春城口老腊肉
160	丰都县	丰都县鬼城麻辣鸡有限公司	鬼城麻辣鸡
161	丰都县	重庆仙家酿造有限公司	仙家牌豆腐乳
162	垫江县	垫江县力绮蔬菜果品销售有限公司	力绮豌豆油钱
163	忠县	重庆忠味堂有机食品有限公司	忠味堂
164	云阳县	云阳县董老四包面店	董老肆包面
165	酉阳县	酉阳县李氏蜂业有限责任公司	李氏蜂业
166	万州区	重庆市万州区伴神酿造有限公司	百年伴神
167	涪陵区	重庆涪粮农业发展有限公司	涪粮
168	渝中区	重庆颐之时饮食服务有限公司	会仙楼
169	渝中区	重庆优特品商贸有限公司	八方品
170	渝中区	重庆会仙桥三生餐饮文化管理有限公司	会仙桥心心
171	江北区	重庆梦回古镇文化传播有限公司	祥昌厚
172	江北区	重庆市椒舞餐饮管理有限公司	椒舞

续表

序号	地点	企业名称	品牌（字号）名称
173	江北区	重庆茅溪卤菜餐饮管理有限公司	茅溪卤菜
174	江北区	重庆诸葛饮食文化有限公司	诸葛烤鱼
175	沙坪坝区	磁器口老街陈建平麻花食品有限公司	陈建平
176	沙坪坝区	重庆汇一堂餐饮文化管理有限公司	曾胖娃
177	九龙坡区	重庆豉堂餐饮管理有限公司	冉记豆豉鱼火锅
178	南岸区	重庆龙之缘餐饮管理有限公司	龙记山城
179	南岸区	南岸区唐家菜餐饮店	八孃
180	北碚区	北碚区凉风垭豆腐鱼餐厅	三溪口凉风垭豆腐鱼
181	渝北区	重庆熊昆贸易有限公司	陈稳建
182	渝北区	重庆旺峰肉业股份有限公司	旺峰肉业
183	渝北区	重庆辣有引力餐饮管理有限公司	金牌干溜
184	长寿区	重庆醉美东山生态观光农业开发有限公司	天赐寿岛
185	江津区	重庆市旺发茶叶有限公司	旺发春湘夜月
186	江津区	重庆市江津区陈有良餐饮管理有限公司	陈有良
187	江津区	江津区佳正餐馆	苏曹记老白沙臊子面
188	江津区	重庆隐涵食品有限公司	隐涵
189	江津区	重庆市帅克食品有限公司	肖佬五
190	合川区	合川区陈罗汉烧腊店	陈罗汉
191	合川区	重庆市合川区渠江桃片厂	渠江
192	永川区	重庆市永川区永荣茶厂	永荣
193	铜梁区	重庆市钦鼎农业集团有限公司	香即福
194	铜梁区	重庆鑫佳宝食品有限公司	鑫嘉宝
195	开州区	重庆市开州区富友食品厂	富友冰薄
196	垫江县	重庆川久食品有限公司	川久蒸鸭
197	垫江县	重庆市东印茶叶有限公司	东印
198	石柱土家族自治县	石柱土家族自治县涛二酒楼	临溪涛二羊肉扣碗
199	石柱土家族自治县	石柱土家族自治县赵氏胡辣壳大包面馆	杨照英
200	秀山县	秀山县王锅贴饺子店	王锅贴
201	酉阳县	酉阳县元蜜蜂业有限公司	樊氏蜂蜜
202	两江新区	凯欣粮油有限公司	红蜻蜓
203	两江新区	重庆市渝川茶业有限公司	紫芸

续表

序号	地点	企业名称	品牌（字号）名称
204	高新区	重庆麻爪爪餐饮管理有限公司	麻爪爪
205	巫溪县	巫溪县成娃子烤鱼王有限公司	张家成娃子烤鱼王
206	渝中区	重庆沧龙两江宴餐饮管理有限公司	沧龙
207	大渡口区	重庆市淇鲜餐馆	泽民竹林
208	沙坪坝区	重庆亚特餐饮发展有限公司	耙二哥
209	南岸区	重庆民贤餐饮文化有限公司	珮姐老火锅
210	两江新区	重庆盛闻杰餐饮管理有限公司	舒家大院
211	沙坪坝区	重庆市一品红方圆餐饮文化有限公司	一品红
212	万州区	重庆市小八仙餐饮有限公司	小八仙
213	渝中区	重庆刘一手餐饮管理有限公司	刘一手
214	江北区	江北区陈春旭火锅店	陈鸭肠
215	永川区	重庆晓秧锅餐饮管理有限公司	晓秧锅
216	万州区	重庆小舅母子餐饮有限公司	小舅母子烤鱼
217	南岸区	重庆怀良餐饮管理连锁有限公司	怀粮
218	渝北区	重庆食满攒餐饮管理有限公司	老哥门
219	渝中区	渝中区老来福酸汤兔餐饮食府	老来福
220	渝北区	渝北区王老太婆水煮鱼酒楼	王老太婆水煮鱼
221	江北区	重庆老甘家餐饮管理有限公司	老甘家
222	九龙坡区	重庆陶然居饮食文化（集团）股份有限公司	陶然居
223	九龙坡区	重庆周之味餐饮管理有限公司	全麦道
224	九龙坡区	重庆市渝派草根餐饮管理有限公司	渝派草根
225	铜梁区	重庆齐庆餐饮集团有限公司	齐庆
226	渝中区	重庆市临江门洞子老火锅餐饮管理有限公司	洞子
227	大足区	重庆市大足区肖鲫鱼饮食文化有限公司	肖鲫鱼
228	渝北区	鲁西肥牛（重庆）餐饮管理有限公司	鲁西肥牛
229	北碚区	北碚张豆花馆	张豆花
230	綦江区	綦江区迎风楼北渡鱼饮食店	吴记迎风楼北渡鱼

（根据重庆市发布的第一至第六批重庆老字号名单整理而成）

从表 3-13 和表 3-14 分析得出，川渝地区餐饮中华老字号企业达 39 家，其中四川有 23 家，重庆有 16 家，四川餐饮中华老字号企业数量多于重庆市。餐饮四川老字号企业 31 家，餐饮重庆老字号企业 230 家。从餐饮中华老字号企业种类来看，绝大多数老字号企业为川渝特色菜肴、面点小吃生产企业，少数老字号为调味品及食品加工企业。餐饮老字号为落实川渝地区饮食思想与观念、沿袭巴蜀饮食礼仪习俗、传播川菜文化发挥了重要作用。川渝地区餐饮老字号企业数量对比见图 3-8。

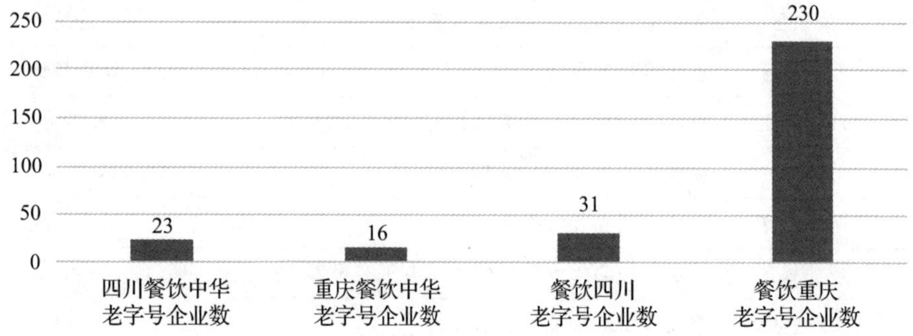

图 3-8　川渝地区餐饮老字号企业数量对比（单位：家）

（六）川渝地区粮食安全宣传教育基地加快建设

古语云："民以食为天。"粮食安全是国家重大战略，关系到国计民生。近年来，川渝地区高度重视粮食安全，不断加强粮食安全宣传教育，努力建立粮食安全宣传教育基地，在全社会倡导爱惜粮食、勤俭节约、反对浪费、保护耕地等行为，为川渝地区食育开展注入了强劲动力。

粮食安全宣传教育基地是粮食安全教育的重要平台，是食育的重要载体。川渝地区不断加快粮食安全宣传教育基地建设，在每年世界粮食日暨中国粮食安全宣传周期间，评选确定一批基地名单。截至 2023 年，四川省共公布了 5 批粮食安全宣传教育基地名单，重庆市共公布了 3 批粮食安全宣传教育基地名单。同时，认真做好粮食安全宣传教育基地建设管理，制定了《四川省粮食安全宣传教育基地管理办法》，明确目标任务，加强考核，努力推动粮食安全宣传教育基地在粮食安全宣传、反对浪费教育、保护传承粮食文化等方面发挥重要作用。四川省粮食安全宣传教育基地名单见表 3-15。重庆市粮食安全宣传教育基地名单见表 3-16。

表 3-15　　四川省粮食安全宣传教育基地名单

时间	数量（家）	名称
2019 年	10	1. 四川粮油批发中心直属储备库；2. 自贡市嘉盛粮油产业发展有限公司；3. 绵阳辉达粮油有限公司；4. 苍溪县金农粮油有限责任公司；5. 遂宁市中豪粮油有限公司；6. 内江飞龙米业有限公司；7. 兴文县粮油贸易总公司；8. 广安市粮食储备库；9. 雅安市雨城区粮油购销储备总公司；10. 眉山市粮油监测站

续表

时间	数量（家）	名称
2020 年	26	1. 四川省粮食学校；2. 四川省粮油中心监测站；3. 四川省粮油集团收购储运公司彭山国家粮食储备库；4. 成都市龙泉驿区粮油实业有限公司；5. 四川雒源俊峰粮油食品有限公司；6. 攀枝花市仁和区粮食和物资储备中心；7. 四川罗江国家粮食储备库；8. 四川雄健实业有限公司；9. 绵阳市粮油集团有限公司；10. 三台县琴泉粮站；11. 中纺粮油（广元）有限公司；12. 四川蓬溪国家粮食储备库；13. 四川厚裕粮油发展有限责任公司；14. 四川隆昌国家粮食储备库；15. 川南幼儿师范高等专科学校；16. 夹江县乐天农业机械化服务专业合作社；17. 南充市粮油购销储运公司；18. 宜宾市粮油质量监测站；19. 宜宾市南溪区溯源农业投资开发有限公司；20. 四川泰本道农业开发集团有限公司；21. 四川达川国家粮食储备库；22. 开江县鑫谷粮油购销有限公司；23. 雅安市青衣江粮油储备有限公司；24. 雅安市名山区城关粮食储备库；25. 仁寿国家粮食储备库；26. 资阳市粮食储备库
2021 年	16	1. 成都市粮油集团有限公司；2. 泸州金土地农业发展有限公司；3. 广元市粮油质量监测站；4. 广元市农业发展集团有限公司；5. 遂宁市国丰粮油有限公司；6. 乐山市粮油食品监测站；7. 南充市常丰农业发展有限公司；8. 巴中市平昌县白衣区粮油管理站；9. 汉源县盛祥粮油贸易有限公司；10. 四川安岳粮食储备有限公司；11. 阿坝九寨沟国家粮食储备有限责任公司；12. 四川省川粮米业股份有限公司；13. 内江市社会科学院；14. 邓小平故里管理局；15. 眉山市好味稻水稻专业合作社；16. 西南财经大学
2022 年	12	1. 四川携手天下农业科技有限公司；2. 叙永县摩尼镇新苗实验学校；3. 德阳市年丰食品有限公司；4. 梓潼穗丰粮油集团有限责任公司；5. 内江师范学院；6. 乐山市国粮购销有限公司；7. 宜宾职业技术学院；8. 广安市良丰粮油有限责任公司；9. 四川达州国家粮食质量监测站；10. 巴中市九寨山实业有限公司；11. 四川彭山凤鸣国家粮食储备库；12. 四川乐至鼎顺粮食储备有限责任公司
2023 年	16	1. 四川农业大学；2. 成都大学；3. 西南科技大学；4. 四川三河职业学院；5. 南充职业技术学院；6. 内江市第六中学；7. 自贡市汇东实验学校；8. 仁寿县城北实验初级中学；9. 德阳黄山路省粮食储备库；10. 剑阁国家粮食储备库；11. 华蓥铜堡省粮食储备库；12. 资阳欣圆粮食储备公司；13. 乐山市奇能米业公司；14. 南江县长赤翡翠米业公司；15. 眉山宝家粮油公司；16. 宜宾市南溪区马耳岩水库管理所
总计	80	

（根据四川省粮食和物资储备局网站信息整理而成）

表 3-16　　重庆市粮食安全宣传教育基地名单

时间	数量（家）	名称
2020 年	16	1. 重庆凯欣粮油有限公司；2. 巫溪县马铃薯脱毒种薯繁育基地；3. 重庆西部国际涉农物流加工区建设发展有限公司；4. 重庆市江津区德感工业园管理委员会；5. 重庆市合川区储备粮有限公司；6. 重庆高鹏生态农业有限公司；7. 梁平瑞丰米业有限公司；8. 金健米业（重庆）有限公司；9. 重庆乐其农业发展有限公司；10. 重庆市大足区储备粮有限公司；11. 友军青少年综合实践科普教育基地（重庆品有农业发展有限公司）；12. 中粮粮油工业（重庆）有限公司；13. 重庆海集农业开发有限公司；14. 重庆市顺友稻米种植专业合作社；15. 重庆市忠县储备粮有限公司；16. 重庆市江津区储备粮有限公司
2021 年	9	1. 红蜻蜓（重庆）植物油脂有限公司；2. 重庆市渝东南农业科学院；3. 重庆市涪州粮食购销有限公司；4. 重庆市上桥粮食中转库有限责任公司；5. 中粮油脂（重庆）有限公司；6. 重庆市龙泉食品有限公司；7. 重庆清迈农业有限公司；8. 重庆重粮健康产业股份有限公司；9. 重庆可可香粮油有限公司
总计	25	

（根据重庆市发展改革委网站信息整理而成）

从表 3-15 和表 3-16 可得出，四川省 2019—2023 年共评定出粮食安全宣传教育基地 80 家，重庆市 2020—2021 年共评定出粮食安全宣传教育基地 25 家，川渝地区粮食安全宣传教育基地数量繁多。同时，其基地种类比较丰富，既有高校、中学，也有粮油质检储备机构，还包括粮食生产相关企业，可为学生、家庭、职工等不同群体进行粮食安全宣传教育，推动树牢粮食安全人人有责意识。川渝地区粮食安全宣传教育基地的建设发展，有力推动了食育的开展，促进民众养成爱惜粮食、勤俭节约、反对浪费的良好风尚，提升了全社会守护粮食安全的能力，为国家粮食安全重大战略的实施发挥了重要作用。

（七）川渝地区食品安全示范基地建设稳步推进

近年来，川渝地区高度重视食品安全工作，不断加大食品安全科普宣传力度，努力加快食品安全示范基地建设。川渝地区食品安全示范基地数量众多，类型丰富，有专门针对学生食品安全宣传教育而设的食品安全科普教育示范学校、食品安全教育试点学校；有就街道、社区食品安全宣传而建的食品安全示范街区；还有以城市名义申报建立的国家食品安全示范城市等。川渝地区食品安全示范基地不断创新形式进行食品安全科普宣传，认真做好食品安全教育，加强食品安全隐患防范，推动食品安全工作落地落实，起到了食品安全示范带头作用，为提升川渝地区民众食品安全意识和能力、促进健康中国战略实施发挥了重要作用。川渝地区主要食品安全示范基地建设情况见表 3-17。

表 3-17　　　　川渝地区主要食品安全示范基地建设情况

序号	类型	数量	名称
1	国家食品安全示范城市和街区	5	1. 成都市；2. 泸州市；3. 重庆市江北区；4. 重庆市荣昌区；5. 重庆市武隆区
2	四川省级食品安全示范街区	1	成都市青羊区
3	四川省食品安全示范区县	84	1. 锦江区；2. 青白江区；3. 邛崃市；4. 沿滩区；5. 米易县；6. 江阳区；7. 纳溪区；8. 广汉市；9. 绵竹市；10. 安州区；11. 北川县；12. 三台县；13. 青川县；14. 蓬溪县；15. 大英县；16. 东兴区；17. 威远县；18. 隆昌市；19. 犍为县；20. 阆中市；21. 南溪区；22. 广安区；23. 大竹县；24. 南江县；25. 雨城区；26. 青神县；27. 雁江区；28. 马尔康市；29. 泸定县；30. 西昌市；31. 双流区；32. 青羊区；33. 新津区；34. 金堂县；35. 荣县；36. 富顺县；37. 攀枝花市东区；38. 西区；39. 泸县；40. 合江县；41. 什邡市；42. 江油市；43. 平武县；44. 昭化区；45. 苍溪县；46. 射洪市；47. 内江市市中区；48. 蓬安县；49. 屏山县；50. 珙县；51. 邻水县；52. 达川区；53. 平昌县；54. 汉源县；55. 东坡区；56. 安岳县；57. 会东县；58. 大邑县；59. 都江堰市；60. 崇州市；61. 大安区；62. 仁和区；63. 龙马潭区；64. 罗江区；65. 梓潼县；66. 旺苍县；67. 船山区；68. 乐山市市中区；69. 五通桥区；70. 夹江县；71. 峨眉山市；72. 仪陇县；73. 金牛区；74. 盐边县；75. 古蔺县；76. 朝天区；77. 安居区；78. 沙湾区；79. 江安县；80. 开江县；81. 恩阳区；82. 石棉县；83. 洪雅县；84. 丹巴县
4	成都市食品安全科普教育示范学校	21	1. 成都市泡桐树小学西区分校；2. 成都市龙祥路小学；3. 成都市盐道街小学；4. 成都市海滨小学校；5. 成都市龙泉驿区向阳桥中学；6. 成都市泡桐树小学（天府校区）；7. 四川省成都市新都一中；8. 四川省成都市石室中学（北湖校区）；9. 成都市棕北中学西区实验学校；10. 成都市茶店子小学校；11. 成都市弟维小学；12. 成都市玉林小学；13. 成都市双眼井小学；14. 成都市草堂小学子美分校；15. 成都墨池书院小学；16. 成都蒙彼利埃小学；17. 成都市田家炳中学；18. 成都市成华小学校；19. 都江堰市灌州小学校；20. 成都市迎宾路小学校；21. 成都市新都区香城小学校
5	四川省食品安全教育试点幼儿园	19	1. 成都高新区中和第一幼儿园；2. 成都高新区中和第九幼儿园；3. 成都高新区新川第一幼儿园；4. 成都高新区新川第二幼儿园；4. 成都高新区新川第四幼儿园；6. 成都市第九幼儿园清淳分园；7. 成都市双流区机关幼儿园；8. 四川天府新区第一幼儿园；9. 蒲江县城南幼儿园；10. 蒲江县寿安新城幼儿园；11. 资阳市雁江区第一幼儿园；12. 资阳市雁江区刘家湾幼儿园；13. 雅安市雨城区第十六幼儿园；14. 屏山县金沙江幼儿园；15. 高县沙河镇幼儿园；16. 绵阳市游仙区五里实验幼儿园；17. 遂宁市船山区顺城街幼儿园；18. 内江市东兴区机关幼儿园；19. 眉山市彭山区云堡幼儿园有限公司

续表

序号	类型	数量	名称
6	重庆市级文明餐桌食品安全示范街区	8	1. 重庆市渝中区龙湖时代天街A馆；2. 重庆市南岸区长嘉汇弹子石老街；3. 重庆市璧山区南门唐城“璧山冷酒”街区；4. 重庆市梁平区桂西路；5. 重庆市万盛经开区万盛国能天街；6. 重庆两江新区财富MALL；7. 重庆两江新区爱琴海购物公园；8. 重庆两江新区N37月光之城
7	重庆市级文明餐桌食品安全示范单位	36	1. 重庆市涪陵区川东坝子火锅泽胜店；2. 重庆市涪陵区鸿喜饭店；3. 重庆市渝中区人和街小学校；4. 重庆市渝中区区级机关幼儿园；5. 重庆市渝中区重庆市电力公司食堂；6. 重庆市渝中区珮姐火锅店（来福士店）；7. 重庆市沙坪坝区实验幼儿园；8. 重庆市沙坪坝区西藏中学校学生一食堂；9. 重庆市沙坪坝区重庆警察学院一楼食堂；10. 重庆市南岸区重庆医科大学附属第二医院江南职工食堂；11. 重庆市南岸区重庆工商大学筱园二楼食堂；12. 重庆市南岸区重庆南岸格林童话幼儿园；13. 重庆市北碚区状元小学；14. 重庆市北碚区朝阳中学；15. 重庆市北碚区重庆海宇酒店有限公司；16. 重庆市重庆工业职业技术学院第三食堂；17. 重庆市合川区嘉滨路陈立蹄花餐馆；18. 重庆市合川区合阳城街道明德幼儿园；19. 重庆市合川区花果小学；20. 重庆市大足区城南东序学校；21. 重庆市大足区龙岗第一小学南山校区；22. 重庆市大足区豪洋凯城幼儿园；23. 重庆市大足区铜锣湾爱尔蓝幼儿园；24. 重庆市璧山区俏巴渝星宴餐饮有限公司；25. 重庆市璧山区大江龙鱼工坊餐厅；26. 重庆市璧山区北街幼儿园；27. 重庆市璧山区璧山中学东门三食堂；28. 重庆市璧山区御湖小学校；29. 重庆市梁平枫叶国际学校；30. 重庆市梁平区双桂幼儿园；31. 重庆市梁平区美食林大饭店；32. 重庆市梁平区中意格格酒楼秘厨府；33. 重庆市武隆区重庆百川聚实业发展有限公司（芳草地酒店）；34. 重庆市武隆旅游有限责任公司景区管理公司（天尺五酒店）；35. 重庆市万盛经开区重庆市第四十九中学校食堂；36. 重庆市万盛经开区青年幼儿园食堂

（根据川渝地区政府网站相关信息整理）

从上表可以得出，川渝地区国家食品安全示范城市和街区有5个，其中四川省有2个，分别为成都市、泸州市；重庆市有3个，分别为江北区、荣昌区、武隆区。四川省级食品安全示范街区有1个，重庆市级食品安全示范街区有8个。四川省有食品安全示范区县84个，占全省县级行政区划单位总数的45.9%，四川省食品安全教育试点幼儿园有19所，成都市食品安全科普教育示范学校有21所。同时，重庆市有市级文明餐桌食品安全示范单位36个，主要包括单位食堂、大中小学校、餐饮企业等。川渝地区食品安全示范基地不断发展壮大，为食品安全宣传普及、开展校园食品安全教育、推动社会食品安全工作开展提供了重要载体。川渝地区主要食品安全示范基地建设情况见图 3–9。

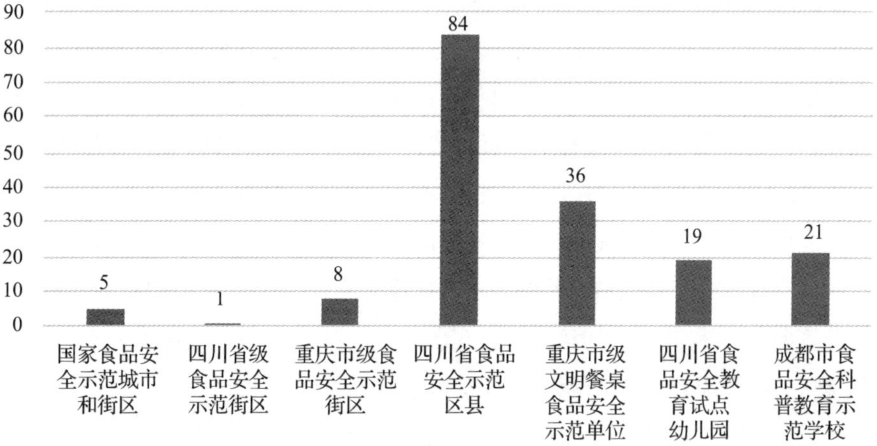

图 3–9 川渝地区主要食品安全示范基地建设情况（单位：个）

六、川渝地区食育科学研究逐步发展

（一）食育科研平台类型多样，相关食品科学研究平台较多

近年来，川渝地区食育科研愈发受到重视，众多科研院所积极建立食育科研平台，组建研究人员队伍，凝练食育研究方向，加快食育科研创新，通过科研平台建设，为食育科研提供保障，推动食育科研加快应用转化。

目前，川渝地区食育科研平台类型比较多样，各高校积极依托本校科研条件和优势，打造特色食育科研平台，凝练重点研究方向，致力于产出高水平研究成果。

一是以食品科学为重点研究方向的研究平台，这些研究平台主要围绕食品安全与检测，膳食营养与健康等方面开展研究，是食育各类型科研平台中数量最多的一类，代表性研究平台有食品安全监测与风险评估四川省重点实验室、农业农村部农产品贮藏保鲜质量安全风险评估实验室（重庆）、四川省肉类食品质量提升与安全控制技术工程实验室、四川食品质量与安全协同创新中心、粮油工程与食品安全四川省高校重点实验室、四川传统发酵食品标准化与质量控制四川省高等学校工程研究中心、农业农村部农产品加工与营养健康重点实验室（部省共建）、重庆市特色食品工程技术研究中心、肉类加工四川省重点实验室、农业农村部杂粮加工重点实验室等。如四川省肉类食品质量提升与安全控制技术工程实验室是成都大学以现有“肉类加工四川省重点实验室”“食品加工与应用四川省高校重点实验室”为基础，联合产业龙头企业组建的重点实验室。该实验室主要研究方向包括现代技术提升肉制品品质研究、副产物高效无害化利用研究和冷链物流和产品质量安全控制可追溯研究等，为四川省肉类食品安全研究、肉制品营养开发创新做出了重要贡献。

二是以食材种植养殖为主要研究对象的科研平台，重点研究动植物食材品种改良、品质提升、生产技术优化创新等，代表性研究平台有农业农村部西南作物遗传改良与育种重点开放实验室、西南作物基因资源与遗传改良实验室、西南作物生理生态与耕作重点实验室、果树栽培与生态实验室、畜禽遗传资源发掘与创新利用四川省重点实验室等。如畜禽遗传资源发掘与创新利用四川省重点实验室是经四川省科技厅批准依托四川农业大学进行建设的省重点实验室。该实验研究方向为畜禽遗传资源的发掘与评价、畜禽重要性状形成的分子基础与遗传调控、畜禽重要经济性状的遗传改良与材料创新、畜禽优质高产新品种和配套系的培育等。实验室研究成果丰硕，其培育的多个“天府系列”畜禽新品种为提升“川种优势”、推动川渝种业振兴提供了强有力的科技支撑。

三是以川菜烹饪技术为重点研究方向的科研平台，代表性科研平台有国家级非遗项目“川菜烹饪技艺”保护单位、烹饪科学四川省高校重点实验室、2011 川菜产业化和国际化协同创新中心、川菜工业化四川省高等学校工程研究中心、川菜人工智能四川省哲学社会科学重点实验室。其中，烹饪科学四川省高校重点实验室于 2008 年经四川省教育厅批准建立，实验室占地 700 平方米，共有原子吸收、理化检测、仪器分析、微生物检测、感官鉴评等 10 间实验室，仪器设备总值约 360 万元，拥有电子鼻、电子舌、原子吸收、气相色谱、液相色谱、紫外可见分光光度计等分析检测仪器，可以开展烹饪加工技术、烹饪食品安全及控制、烹饪营养等相关领域的科学研究。该实验室在川菜营养健康检测与设计、川菜工艺研发改进、川菜食品安全保证等方面产出了系列科研成果。

四是以巴蜀饮食文化为重点研究方向的科研平台，如川菜发展研究中心、欧美饮食文化研究中心、美食与旅游文化普及基地、四川旅游学院中华饮食文化学院等。

五是以食育科普为专门研究对象的科研平台，主要有四川省食育教育科普基地。川渝地区食育科研平台分布广泛，类型多样，它们为食育科研高质量发展提供了重要支撑。其中，川菜发展研究中心是省社科联和省教育厅共建的四川省哲学社会科学重点研究基地，也是全国唯一的由政府批准建立并且以地方风味命名的省级科研机构。中心一直坚持“应用型”定位，紧密结合川菜及中餐行业产业的需要、问题和自身优势，确立了“餐饮文化与艺术传承弘扬”“餐饮业标准化、产业化发展”“食品安全与营养”等重点研究方向。经过多年发展，中心在服务川菜和四川经济社会发展的同时推动了四川旅游学院学科、专业建设水平的提升，成为促进川菜及中餐发展的重要智库和全国领先、有一定国际知名度的重点研究基地。

（二）食育研究比较聚焦，食育研究成果较为集中

川渝地区食育科研产出了一定的成果，这些食育科研成果紧扣川渝地区食育现状，聚焦食育某一方向，分析解决食育存在的问题，提出食育发展对策建议，成果应用性、针对性、创新性较强，为川渝地区食育发展提供了重要的科技支撑。

一是从川渝地区食育研究方向来看，大部分科研成果集中于食品科学研究，通过自然科学实验，重点分析食物的化学成分和营养物质，提出筑牢食品安全防线、改善食物营养健康的方法等，有力促进了食品安全和营养健康等食育内容的开展。同时，川渝地区食育科研另一比较集中的研究方向为饮食文化研究，如四川旅游学院川菜发展与饮食文化研究院杜莉教授所带团队长期致力于巴蜀饮食文化研究，在川菜历史梳理、川菜文化提炼、川渝地区地方特色饮食文化挖掘、川菜非遗保护传播等方面产出了系列科研成果。

二是从食育实施对象研究来看，大部分食育科研成果比较聚焦校园学生食育研究，研究者重点关注幼儿园及中小学生群体，研究学校食育发展现状，分析学校食育存在的问题，根据学生身心发展特点及学校食育实际，提出学生食育发展的对策建议，突出了川渝地区食育的特色，为川渝地区学校食育发展提供了科研支撑。

七、川渝地区食育文化产品不断产出

文化产品是食育的重要载体和手段。近年来，川渝地区食育文化产品层出不穷，蔚为大观。川渝地区食育文化产品种类繁多，既包括书籍、期刊等传统文化产品，又有电影、电视剧、纪录片等现代电子产品。川渝地区食育文化产品内容丰富，菜肴制作技术、饮食礼仪与习俗、饮食思想、食品安全、营养健康、饮食文化等均有所涉及。川渝地区食育文化产品特色突出，主要体现了巴蜀饮食文化特色，川菜色彩鲜明，地域性特征突出。一系列食育文化产品的制作、应用和推广充实了川渝地区食育内容，丰富了食育手段，在推动川渝地区食育不断融入巴蜀饮食文化方面取得实效。

（一）川渝地区巴蜀饮食类书籍卷帙浩繁

千百年来，勤劳智慧的巴蜀民众认真梳理、总结、编纂了内容丰富、内涵深厚的饮食类书籍，他们成为川渝地区食育的宝贵财富。川渝地区巴蜀饮食类书籍卷帙浩繁。从时间上看，既有古代典籍，也有现代书籍。从内容来看，既有记录川菜烹饪技艺的菜谱类书籍，又有记述巴蜀饮食礼仪与习俗的文化艺术类书籍，也有讲解食品安全、营养健康知识的饮食科学类书籍，还有关于川菜的综合类书籍。巴蜀饮食类书籍具有重要的历史、社会、文化价值，是川渝地区极具代表性的文化产品，为挖掘、保护巴蜀饮食文化

遗产，传承弘扬川菜文化做出了重要贡献。川渝地区代表性饮食类书籍见表3-18。

表3-18 川渝地区代表性饮食类书籍

序号	类别	数量	代表性书籍名称
1	烹饪技术类	4	古代书籍： 1.《醒园录》；2.《中馈录》；3.《筵款丰馐依样调鼎新录》；4.《味经》
		23	现代书籍： 1.《中国川菜》（中英文标准对照版）；2.《中国名菜谱》；3.《四川菜谱》；4.《大众川菜》；5.《家庭川菜》；6.《中国小吃》（四川风味）；7.《北京饭店的四川菜》；8.《创新川菜》；9.《中国名菜集锦》（四川）；10.《满汉全席》；11.《川菜筵席大全》；12.《川菜大全》；13.《大千风味菜肴》；14.《四川烹饪》；15.《四川泡菜》；16.《川味小吃》；17.《四川大锅菜》；18.《创新川菜》；19.《雪域美肴》；20.《重庆火锅制作》；21.《千锅百味火锅大全》；22.《重庆江湖菜》；23.《跟大师学做经典川菜》
2	饮食科学类	5	现代书籍： 1.《四川居民膳食指导》；2.《四川省食品安全条例》；3."青少年科学素质教育丛书"《食品安全》；4.《烹饪科学与加工技术》；5.《烹饪原料学》
3	饮食文化与艺术类	11	古代书籍： 1.《华阳国志》；2.《益部方物略记》；3.《岁华纪丽谱》；4.《蜀中广记》；5.《益部谈资》；6.《金川琐记》；7.《蜀都碎事》；8.《芙蓉话旧录》；9.《成都通览》；10.《四川竹枝词》；11.《成都竹枝词》
		19	现代书籍： 1.《举箸醉杯思吾蜀：巴蜀饮食文化纵横》；2.《川菜文化概论》；3.《川食奥秘》；4.《中国川菜史》；5.《川菜杂谈》；6.《百年川菜传奇》；7.《四川著名美食鉴赏》；8.《川菜赏析》；9.《资阳美食文化》；10.《中华二十四节气菜·川菜卷》；11.《知味·郫都饮食文化》；12.《川菜纵横谈》；13.《川菜演义》；14.《袁庭栋川菜研究》；15.《重庆宝贝美食》；16.《最应品尝的四川美食》；17.《川菜风雅颂》；18.《"人文巴蜀·大美天府"文旅丛书——川菜卷》；19.《四川饮食文化遗产与川菜非遗传承人》
4	饮食综合类	3	现代书籍： 1.《川菜烹饪事典》；2.《四川省志——川菜志》；3.《重庆小面全典》

从上表分析得出，川渝地区饮食类书籍种类丰富，特色鲜明。其中，川菜烹饪技术类书籍和饮食文化艺术类书籍数量最多，川菜烹饪技术类书籍主要记述川菜菜点制作方法，包括食材配方、制作工艺、成菜特点等，通俗易懂、方便易学，为民众学习、掌握川菜制作技术发挥了重要作用；饮食文化艺术类书籍，主要阐述了川菜的发展历史、菜点背后故事、川菜文化特征、饮食礼仪与习俗及川菜美学艺术等，其文化内涵深厚，社会价值突

出，是民众了解感受川菜文化的重要工具。同时，川渝地区饮食科学类、饮食综合类书籍相对较少，针对川渝地区民众饮食营养健康及食品安全方面专门性研究尚需深入拓展。

（二）川渝地区川菜文化电子产品蓬勃发展

现代信息社会，互联网成为重要的宣传传播工具。近年来，川渝地区积极利用网络开发线上川菜文化产品，努力进行网络食育活动，快速扩大了食育的受众面，提升了食育的传播度和影响力。

川渝地区线上川菜文化产品类型丰富，主要包括川菜烹饪制作技艺、川菜饮食营养健康以及川菜历史文化等相关文化产品。线上川菜文化产品载体多样，既有川菜企业及相关机构自研的App和网站，如川菜经典菜谱大全App、川菜辣味菜谱经典做法App、纯正的四川味道App、下厨房（美食菜谱App）等，也包括抖音、快手、小红书、微博、微信视频号等第三方短视频平台，这些线上平台通过川菜美食直播或拍摄、制作川菜短视频的方式，使民众能够随时随地、根据自己的爱好选择学习川菜烹饪技艺，起到了快速传播川菜的目的。

同时，一大批经典的川菜文化电子产品脱颖而出，其主要包括电影、电视剧、纪录片、教学片等。电影类以《川菜》《爱上川菜》《天下第一宴》为代表，电视剧类以《林师傅在首尔》为代表，纪录片类以《中国川菜（文化版）》《今日川菜》《千秋川菜》《川菜在民间》《川菜寻踪》《食在八方——第一集川菜》《川菜的品格》《川味》《绝色川菜》《川菜巡游记》等为代表，川菜教学片以《中国川菜标准国际化系列推广片》《川菜非遗讲堂·跟着大师学川菜》《川菜烹饪》为代表。这些经典川菜文化电子产品既介绍了川菜悠久的历史，讲述了川菜的故事，又展示了川菜的绝美味道、精湛技艺，还阐释了川菜的文化内涵和守正创新精神，他们是川渝地区食育开展的宝贵财富，是传承工匠精神、弘扬中华优秀传统文化的重要支撑。

第二节
川渝地区食育发展存在的问题与不足

时至今日，川渝地区食育发展取得的成绩令人可喜，但通过客观全面的调查分析，川渝地区食育还存在诸多问题与不足。关于川渝地区食育发展存在的问题，课题组科学调研，客观分析，主要采用了实地考察和问卷调查的研究方法。课题组主要考察了川渝地区食育相关管理部门、中小学、高校、食育相关科研机构、行业协会、食育相关企业，组织召开了食育发展调研会，通过问卷星的形式，设计、发放了“川渝地区食育发展情况调查问卷”，共有1064人参与了调查。受查者基本情况为：从性别来看，男性504人，占比47.37%，女性560人，占比52.63%；从所在地区来看，来自四川省地区637人，占比59.87%，来自重庆市315人，占比29.61%，来自川渝以外地区112人，占比10.53%；从调查人员身份来看，学生人数最多，为385人，占比36.18%，川菜企业人员为196人，占比18.42%，相关食育教师为189人，占比17.76%，相关食育医生为28人，占比2.63%，食育相关管理机关人员为21人，占比1.97%，食育相关科研人员为28人，占比2.63%，饮食行业协会人员为42人，占比3.95%，饮食博物馆人员为21人，占比1.97%，其他人员为154人，占比14.47%。调查问卷内容主要围绕川渝地区食育发展存在的主要问题展开。本次调查结果真实有效，为分析巴蜀饮食文化融入川渝地区食育发展存在的主要问题提供有力支撑。

通过调查问卷统计并结合调查座谈分析，川渝地区食育发展主要存在以下几个方面的问题。一是从食育管理来看，比较缺乏食育发展规划，政府食育管理相关部门力量分散，尚未形成统一的工作机制，四川省与重庆市食育联动性不强等。二是从食育教育教学来看，大、中、小学、幼儿园食育教学体系尚未完全打通，食育课程设置不够科学合理，食育教材比较缺乏，食育教师力量不足等。三是从食育科普宣传来看，川渝地区食育科普宣传的深度和广度还不够。四是从食育载体建设来看，食育载体育人功能不够突出。五是从食育科研来看，川渝地区综合性科研平台比较缺乏，食育科研总体水平不高。六是从食育人才培养来看，食育人才队伍力量不强，食育人才培养水平有待提高。

针对川渝地区食育存在的问题，我们应客观分析其产生的原因。其主要与我国总体食育发展较之日本、欧美国家比较缓慢，民众对食育的认知程度较低，食育科普宣传不够普及，政府、学校、家庭、社会联动的食育体系尚未健全有关。在深入分析食育问题产生的原因基础上，应以问题为导向，坚持实事求是、立足特色、创新发展的原则，努力将巴蜀饮食文化融入川渝地区食育发展，积极提出川渝地区食育发展的路径对策，以期推动川渝地区食育高质量发展。

一、食育工作机制不够完善，专门性食育工作方案欠缺

政府是川渝地区食育开展的核心单位之一，起着指导、支持、管理、监督食育的重要作用。目前，川渝地区食育相关管理部门力量比较分散，大家往往各自为战，缺乏统筹协同各方力量的管理机构。食育各实施主体之间协同性、互动性不强，统一协调、整体联动的食育工作机制尚未建立。同时，川渝地区政府对食育重视程度有待加强，专

门针对食育发展的工作方案和发展规划欠缺，由此不利于川渝地区食育快速健康发展。

此外，成渝地区双城经济圈协同工作机制在川渝地区食育发展方面未完全实施。图 3-10 为川渝地区食育联动、互动开展情况调查统计图。通过问卷调查得知，有 75.66% 的调查对象认为川渝地区食育联动互动情况为一般或比较少。四川与重庆地区尚未建立统一的食育工作协同推进管理部门，两省市食育沟通交流不多，食育合作不够紧密，阻碍了川渝地区食育整体发展。

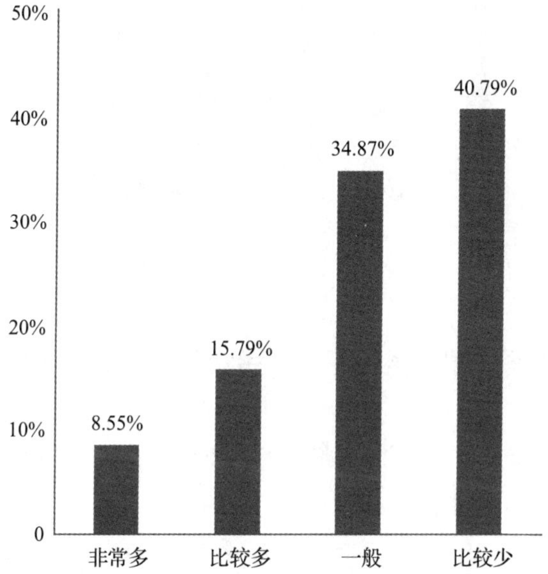

图 3-10 川渝地区食育联动、互动开展情况调查统计

二、学校食育教学体系不强，食育课程尚未健全

川渝地区食育学校与学校之间缺少合作交流，幼儿园、小学、中学、大学食育统筹规划发展做得不够好，全教育阶段食育教学体系尚未建立，学校食育与家庭、社会联系不够紧密，学校、家庭、社会三位一体的食育体系尚未建立，不利于对学生进行全方位、全过程食育。图 3-11 为川渝地区食育教育教学开展存在的主要问题调查统计图。有 62.5% 的调查对象认为学校食育教学体系不够健全。从食育课程建设来看，有 63.16% 的调查对象认为学校食育课程不多，学校食育课程往往集中于劳动课，而食育实践课程、社团课程、选修课程开设比较少。同时，大部分学校食育课程建设规划不够清晰，食育课程内容主要包括烹饪技艺和食材种植养殖两个方面，而关于饮食礼仪与习俗、饮食思想与价值观、营养健康、食品安全方面的课程设置较少。课程教材上，川渝地区食育教材建设尚处于起步阶段，比较缺乏全教育阶段统筹指定的权威教材，有

51.32% 的调查对象认为学校食育教材少。

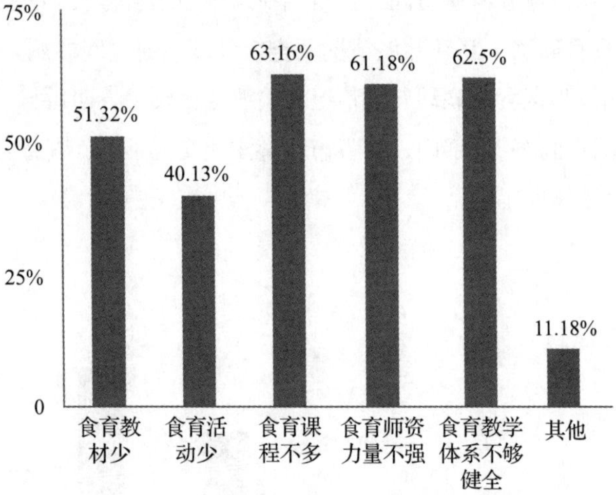

图 3-11　川渝地区食育教育教学开展存在的主要问题调查统计

三、食育科普宣传深度和广度还不够，民众对食育认知水平不高

从全区域、全民众来看，川渝地区食育科普宣传普及面还不够，食育科普宣传深度和广度有待加强。目前，川渝地区食育科普宣传往往仅在具体的时间节点如全民营养周、食品安全宣传周、粮食安全宣传周等期间举行，而日常性、经常性食育科普宣传比较少，食育科普宣传持续效应不明显。图 3-12 为川渝地区食育科普宣传存在的主要问题调查统计图。从问卷调查统计得知，有 73.68% 的调查对象认为食育科普宣传次数少。从食育科普宣传内容来看，关于饮食礼仪与习俗、勤俭节约、反对浪费、川菜烹饪技

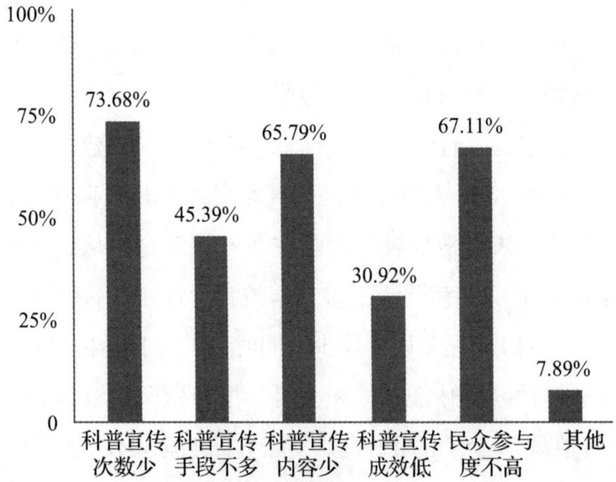

图 3-12　川渝地区食育科普宣传存在的主要问题调查统计

艺、饮食文化等具有巴蜀饮食文化特色的食育内容科普宣传相对较少，有65.79%的调查对象认为食育科普宣传内容少。从食育科普宣传方式上来看，线上专门性的食育科普宣传活动较少。从食育科普宣传地域来看，人口密集区域如医院、商场、车站、展馆等场所食育科普宣传活动开展较少。

同时，川渝地区民众对食育的认知水平有待提升。普通民众对食育重视程度还不够，对食育活动参与体验积极性不高，从问卷调查来看，有67.11%的调查对象认为食育活动的民众参与度不高，不利于巴蜀饮食文化的传播及健康中国战略的实施。

四、食育载体总体数量偏少，载体育人功能有待提升

近年来，川渝地区建立了诸多特色食育载体，但相对于川渝地区庞大的人口基数和广阔的面积来看，食育载体总体数量还偏少，食育载体力量不够强。主要表现在，饮食类博物馆总体数量不多，非遗体验基地体系不够健全，高级别非遗体验基地数量不多，大型综合性食育载体比较缺乏。由此导致，食育载体实力偏弱，系统性食育开展不够顺畅。

同时，部分食育载体育人功能不够突出，尤其是美食节庆活动、美食街区、美食古镇等。图3–13为食育作用不够突出的相关载体调查统计图。通过问卷调查统计来看，有88.16%的调查对象认为美食节食育作用不够，有84.21%的调查对象认为美食街区、古镇的食育作用不够。美食节庆活动不太重视挖掘、发挥节庆活动的育人功能，在美食节庆期间，食品安全、营养健康科普宣传较少。美食街区、美食古镇在烹饪技艺展示、食品安全与营养科普、美食文化育人等方面做得不够到位。美食节庆活动、美食街区、

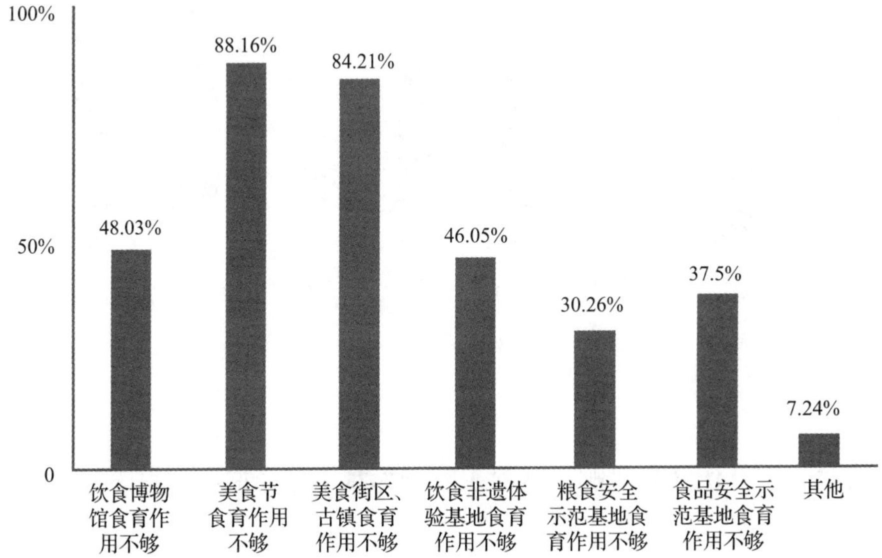

图3–13　食育作用不够突出的相关载体调查统计

美食古镇等食育载体育人环境需要进一步优化，育人功能需要进一步开发。

五、食育综合性高水平科研平台欠缺，食育科研总体水平不高

目前，川渝地区食育科研得到一定的发展，有关营养健康、食品安全、饮食生产与加工技艺等单一方面的科学研究比较多，而从整体上以川渝地区食育为专门研究对象的科研比较少，川渝地区食育专项性科研水平不高。图 3-14 为川渝地区食育科学研究存在的主要问题调查统计图。从食育科研平台来看，绝大多数科研平台往往针对食育某一部分内容开展研究，如肉类加工四川省重点实验室、烹饪科学四川省高等学校重点实验室等，而综合性高水平研究平台比较缺乏，有 73.03% 的调查对象认为川渝地区食育综合性研究机构少。从食育科研项目来看，有 72.37% 的调查对象认为川渝地区食育高水平研究课题少，国家级、省级等高水平食育研究课题比较缺乏。从食育科研成果来看，有 62.5% 的调查对象认为食育高水平研究成果少。专门针对川渝地区食育发展研究的论文数量不多，川渝地区食育研究相关著作、研究报告比较缺乏，不利于川渝地区食育高质量发展。

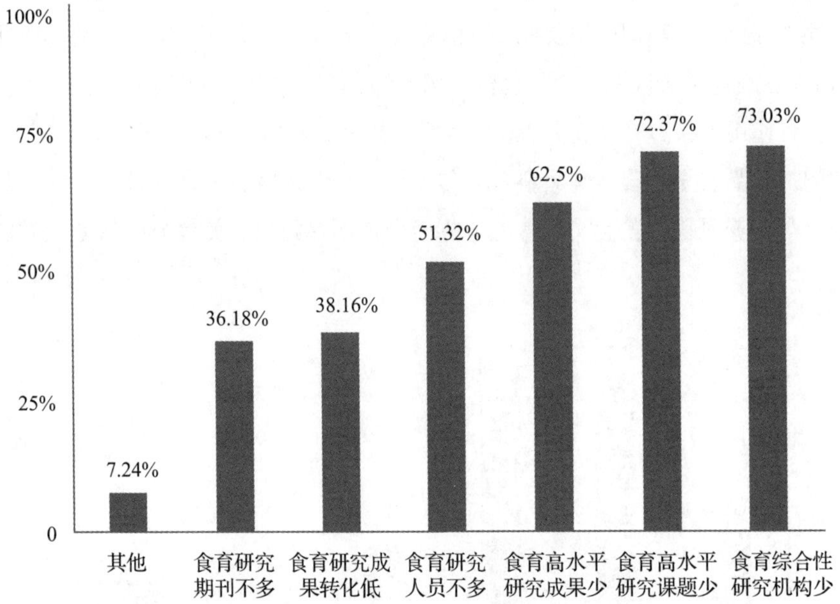

图 3-14　川渝地区食育科学研究存在的主要问题调查统计

六、食育人才队伍实力较弱，食育人才培养水平有待提高

人才是食育发展的核心因素，近年来，川渝地区有关食育的专门性和综合性人才比

较缺乏。图 3–15 为川渝地区食育人才队伍建设存在的主要问题调查统计图。有 74.34% 的调查对象认为川渝地区食育人才数量不足，有 75% 的调查对象认为川渝地区食育复合型人才缺乏。食育管理人员中比较缺乏统筹饮食礼仪与习俗、饮食营养、食品安全及饮食生产与加工技艺等方面综合性管理人才。从学校食育人才来看，川渝地区绝大多数中小学比较缺乏专业性食育教师，食育教师的数量不能满足食育课程开设的需求。同时，川渝地区食育人才整体培养水平不高。开设有食育相关专业的高校数量不多，食育相关学科体系建设不够健全，食育相关专业设置不尽合理，有 65.79% 的调查对象认为川渝地区从事食育人才培养的院校不多。从食育人才培养层次来看，川渝食育人才整体学历水平不高，以职业院校所培养的大专、中专学历为主，研究生及本科学历人才比较少。同时，川渝地区食育人才社会性培育机构比较少，食育人才培养社会力量支持不够，食育人才短期培训和非学历教育仍需要加强。此外，川渝地区食育人才交流互动不够，食育人才奖励竞争机制尚需完善。

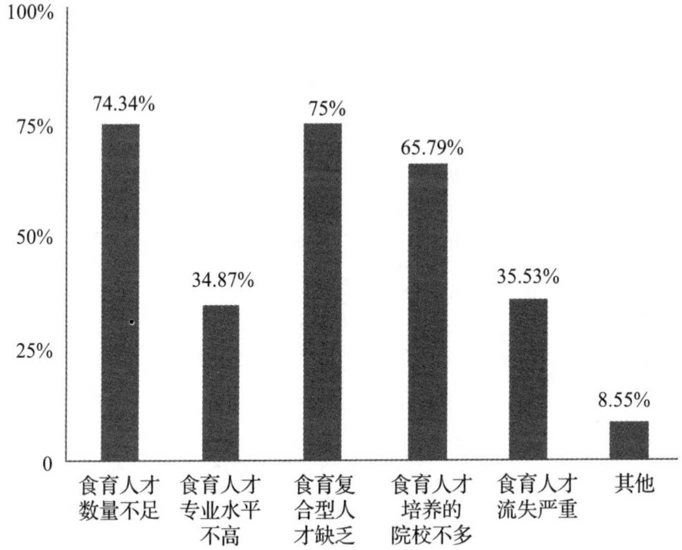

图 3–15 川渝地区食育人才队伍建设存在的主要问题调查统计

第四章

巴蜀饮食文化融入川渝地区食育发展的路径与对策

川渝地区食育取得了可喜的成绩，但也存在一定的问题，我们应以取得的成绩为动力，总结经验做法，以问题为导向，研究解决的措施。要以巴蜀饮食文化融入为川渝地区食育特色，推动政府、学校、家庭、社会多位一体，构建食育体系。要不断健全食育制度，完善食育工作机制；构建食育课程体系，形成各级学校食育完整系统；加强食育科普宣传，提高民众对食育的认知水平；开拓食育载体，提升食育载体育人功能；加强食育科研，努力提升食育科研水平；加强食育人才队伍建设，提高食育人才培养水平。只有采取全方位的路径，制定实施具体可行、符合川渝地区食育发展实际的食育对策，才能有效提升川渝地区民众的食育水平，推动川渝地区食育高质量发展，不断满足民众对美好饮食生活的需要，促进健康中国战略深入实施。

第一节 以制度建设为首要任务，健全完善川渝地区食育工作机制

一、研究制定《川渝地区食育工作实施方案》

健全食育制度，能够引领指导川渝地区食育的发展。针对当前川渝地区缺乏专门性、综合性食育发展文件的情况，可由省（市）人民政府办公厅牵头，联合教育厅、发展改革委、卫生健康委、农业农村厅、市场监管局、文化和旅游厅、商务厅、财政厅、人力资源和社会保障厅、体育局等相关部门联合制定《川渝地区食育工作实施方案》（以下简称《方案》）。该《方案》应在充分调研、严密论证的基础上，系统科学制定，体现《方案》专业化、规范化、特色化水平。《方案》要对未来一段时期内川渝地区食育发展进行规划；明确食育发展的指导思想、基本原则和目标任务；将巴蜀饮食文化融入川渝地区食育发展之中，突出食育地域性特征；面向不同群体包括学生、职场人士、老年人等，涉及食育全部内容包括饮食思想与观念、饮食礼仪与习俗、饮食营养与安全、饮食生产与加工技艺等，提出符合实际、具体可行的食育举措。同时，该《方案》要加强组织保障，明确部门职责，注重宣传引导，从财政、税收、金融、人才等各方面为方案实施提供保障，做好食育工作监督考核，确保川渝地区食育工作落地落实，取得显著成效。

针对川渝地区现有的涉及食育相关的政策，加快梳理归纳，统筹各文件的推进执行。建立川渝地区食育相关政策监督考核机制，确保政策能够落实到位。同时，及时启动川渝地区食育政策修订完善工作，加大对食育工作指导支持力度，增加食育相关内容，提出更多食育措施，突出政策食育特性，为川渝地区食育发展提供坚实的制度保障。

二、完善食育实施主体一体化、协同化工作机制

食育是一项由政府、学校、家庭、企业、科研机构、行业协会等多主体共同参与、相互协作、联合推进、共同受益的系统性工作[①]。川渝地区食育应建立多部门协同、一体化工作体制，各方明确分工，落实任务，加强合作，形成合力，构建多位一体的食育机

① 王秀丽，李海燕．大食物时代食育的现实境遇与路径优化．中国食物与营养，2022（12）：5—11．

制。地方政府及相关部门加强对食育发展指导引导，做好食育发展系统性规划，制定食育发展相关制度，提高食育管理规范化、科学化水平，落实食育监督检查和考核评估。学校应认真做好食育教育教学工作，构建食育课程体系，改进食育教学方式，突出食育育人效应。家庭应充分发挥食育示范传承功能。家长以身示范，培养孩子养成健康的饮食习惯，帮助孩子传承川渝地区传统良好的饮食礼仪与习俗，传授食材种植养殖技术和川菜烹饪技艺等。食育相关企业应积极配合学校、家庭建立更多食育基地，为川渝地区食育开展提供更多条件保障。科研院所应加快川渝地区食育科学研究，努力产出高水平食育科研成果，推动川渝地区食育产学研用一体化发展。行业协会应建立食育各部门沟通交流机制，及时调查研究、分析川渝地区食育发展情况，积极向食育管理部门建言献策。只有食育各相关部门齐心协力，协调配合，形成完善的工作体制，才能推动川渝地区食育持续健康快速发展。

同时，探索建立食育推进工作联席会议机制。由人民政府办公厅负责人为召集人，成员由教育厅、发展改革委、卫生健康委、农业农村厅、市场监管局、文化和旅游厅、商务厅、财政厅、人力资源和社会保障厅、体育局等相关部门分管负责同志组成，定期研究解决食育出现的问题、制定相关政策和确定推进举措。各成员单位按照各自分工做好相应工作，落实任务，加强统筹协同，整体推进，形成工作合力。同时，加快推进四川省、重庆市食育协同化、一体化发展。探索建立川渝地区食育一体化发展办公室，统筹川渝地区食育发展。四川省与重庆市应进一步加强食育合作，密切联系，畅通食育协同推进机制，努力实现川渝地区食育资源共享、优势互补，共同推进川渝地区食育工作迈上新的台阶。

第二节 以学校食育为主阵地，构建三位一体的食育体系

一、推动各级学校食育整体化发展，开发体现巴蜀饮食文化特色的食育教材

学校是推行食育行动的重要场所和智力支撑[①]。针对当前川渝地区各级学校食育开展比较散乱，系统性、整体性不强的问题，应研究将幼儿园、小学、中学、大学食育教育

① 苏佳．日本食育理论体系与实践经验对中国推行食育行动的启示［J］．食品与机械，2021（10）：171—175.

形成整体，统一规划开展。各级学校既要突出学生阶段性食育的特殊性，根据学生认知水平，开展符合学生年龄阶段的食育教学，又要注重学校食育的衔接，体现出学校食育的延续性和长效性，对学生整个教育阶段进行系统性食育。

开发编写学校食育教材是推动川渝地区各级学校食育整体发展的重中之重。川渝地区各级学校可选派食育教师共同组建食育教材编写团队，编撰出版一整套适合川渝地区各级学校使用的食育教材。食育教材要符合川渝地区学校食育实际，注重体现巴蜀饮食文化特色。其中，幼儿园食育教材应帮助学生认识巴蜀地区特色食材和川菜菜品，了解巴蜀饮食礼仪与习俗，感受巴蜀饮食文化特色魅力，提高学生饮食基本能力，培养学生形成良好的饮食习惯。小学食育教材应帮助学生了解食材初加工，掌握简单的川菜菜品制作技艺，学会常见的川菜食材种植养殖技术，了解巴蜀饮食基本价值观念，培养热爱劳动、勤俭节约的好习惯。中学食育教材应帮助学生了解基本的食品营养学知识，学会制作特色川菜，能够设计制作家庭营养餐，参与农业田间劳作等。大学食育教材应帮助学生根据营养需要，制定个人健康饮食计划，掌握食品科学基本专业知识，学会巴蜀传统家宴制作，能够进行巴蜀特色食材创造性生产劳动，开展巴蜀食材研究，培养从事饮食相关职业能力和职业道德等。川渝地区系列食育教材，循序渐进，由浅入深，形成整体，有利于推动学校食育一体化发展，提升学校食育长效育人功能。

二、拓展校园食育功能，努力构建学校、家庭和社会食育三位一体

校园是学校食育的主要场所，但不是唯一场所，川渝地区学校食育应加快推动学校、家庭和社会食育三者融为一体。学校在学生食育中的作用尤为重要，其主要统筹、协调三种食育发展的关系。学校在讲授饮食相关知识、传授川菜相关技艺技术的同时，应积极与家长联系，布置检查学生家庭食育作业，通过召开家长会或家访的方式，了解学生家庭食育的基本情况，评价反馈学校食育的效果，家长应积极与学校联系，开设学生食育“第二课堂”，使家庭成为学生消化运用学校食育知识、锻炼川菜烹饪技能、传承巴蜀饮食习俗礼仪、养成健康饮食习惯的主要场所。社会可建成学生食育“第三课堂”。相关饮食企业积极参与，配合学校食育的开展，打造更多功能齐全、服务优质的现代食育教育载体，如饮食文化博物馆、食材种植养殖教育基地、开心厨房、营养健康知识大讲堂、美食节庆活动等，为学生饮食研学游提供便利条件，使学校食育应用价值得到充分激发。学校、家庭、社会三位一体的食育体系的构建，能够有力推动“三全”食育，即全员、全方位、全过程饮食育人，为学生实现终身饮食教育、创造美好饮食生活、享受健康人生发挥重要作用。

三、将食育与五育相融合，不断丰富学校食育课程

德智体美劳全面发展，五育并举是我国最重要的教育目的。食育是涵盖德智体美劳等多方面的教育体系①。加强食育，既可以培养学生的品德，增长学生的智力，又可以强健学生体魄，提高学生审美能力，增强学生劳动技能。川渝地区食育应与德智体美劳教育统筹发展，共同部署，使其有机融合，在推动学校食育发展的同时，进一步突出五育的效果。如在德育课程中，可加入巴蜀饮食礼仪与习俗教育，使学生掌握中国饮食中的“礼”“善”“和”“尊”等美好品格；在智育教育过程中，可加入食品安全知识教育，增加学生食品安全知识储备；在体育教育过程中，可加入膳食营养健康知识教育，提升学生健康水平，强健其体魄；在美育教育过程中，可加入烹饪艺术教学，提升学生美食审美鉴赏能力；在劳动教育过程中，可加入巴蜀食材种植养殖和川菜烹饪技艺教育，提高学生劳动、创造美好生活的能力等。

同时，不断丰富学校食育课程类型，努力打造食育课程体系。一方面，认真开设食育规定课程，如中小学劳动课程、大学必修课程等，保证课时量；另一方面，增设食育相关社会实践活动课程、社团课程、主题活动课程、选修课程等，使其与食育规定课程相辅相成，更加强调食育实践能力的锻炼和学生饮食综合素质的提升。此外，注重显性课程与隐性课程的结合，优化校园环境，渲染校园食育的氛围，可通过张贴食育标语、设置食育宣传栏、进行食育校园广播等形式，建设食育隐性课程，充分发挥食育潜移默化、润物无声的育人作用。

第三节 以科普宣传为主要方式，不断提高民众对食育的认知水平

一、努力将巴蜀饮食文化融入食育，丰富食育科普宣传内容

近年来，川渝地区食育科普宣传内容往往集中于食品安全和营养健康两个方面，食育科普宣传的地域特色性不够鲜明。川渝地区巴蜀饮食文化历史悠久、文化内涵深厚、特

① 陈迪，冯梅．“食育”与德智体美劳“五育”的关系探析［J］．食品与机械，2021（10）：185—188.

色突出，蕴含了丰富的饮食思想、饮食观念、饮食礼仪与习俗、饮食生产与加工技艺等，应努力挖掘提炼巴蜀饮食文化，将其纳入食育科普宣传，丰富川渝地区食育科普宣传内容。

一是对巴蜀饮食文化中的因时调适、因地制宜等饮食思想和廉俭、融合、创新、精美等饮食价值观念进行联合宣传，进一步提升民众对巴蜀饮食文化的认同感和归属感，塑造、锻炼民众高尚精神品质和人格。

二是对巴蜀传统饮食礼仪（如长者优先、尊重客人、团圆进食、饮酒敬人、以茶待客等）、巴蜀传统饮食习俗（如坝坝宴、请春酒、满月酒、生日宴、祝寿酒等）及特色节日食俗（如冬至吃羊肉、过年吃腊肉香肠等）进行宣传，进一步传承弘扬巴蜀特色饮食文化，培养川渝地区民众家国情怀。

三是对巴蜀饮食养生纳入营养健康进行科普宣传。川渝地区饮食养生文化博大精深，饮食养生食材品种众多，辨证施食理论丰富深刻，应加强对巴蜀养生食材、饮食养生方法的科普宣传，帮助民众了解认识养生食材，如川贝母、天麻、杜仲、石斛、白果、灵芝、川续断、川芎等，熟悉其养生功效，掌握食物性味归经知识，使其能够科学进行辨证施食，从而达到食治养生的目的。

四是对巴蜀特色食材种植养殖方法和川菜烹饪技艺进行科普宣传。重点对巴蜀特色食材，如韭黄、子姜、菜椒、冬寒菜、独蒜、水稻、青稞、油菜、枇杷、樱桃、柑橘等植物性食材的育苗栽种、田间管理、病虫害防治、收割储藏等技术和黄羊、麻羊、麻鸭、兔子、白鹅等动物性食材的养殖管理技术，以及川菜食材选择、刀工、调味、制熟、装盘等技艺进行科普宣传，使民众掌握基本的食材种植养殖及川菜制作技术，提升民众创造美好饮食生活的能力。

二、加大食育科普宣传力度，创作食育科普宣传文化产品

当前，川渝地区食育科普宣传往往在特殊的时间节点开展，如全民营养日、粮食安全宣传周、食品安全宣传周等，宣传时间比较短暂，受众群体人数不多，食育科普宣传长效性、持续性不强。应加大川渝地区食育科普宣传力度，充分利用中国传统节日、二十四节气、川渝特色美食等节庆活动进行食育科普宣传，将食育科普宣传有机融入重要时间节点，有的放矢、重点突出地进行食育科普宣传。如在中华二十四节气之际，重点宣传巴蜀特色食材种植养殖以及饮食养生健康相关知识；在传统节日（如春节、元宵节、端午节、中秋节等）重点宣传巴蜀饮食礼仪与习俗等；在成都国际美食节、简阳羊肉节、龙泉枇杷节、重庆火锅节等特色美食节庆活动期间，应加强食品安全及营养健康等方面的科普宣传。

不断扩大川渝地区食育科普宣传范围，增加食育科普宣传受众人群数量。一方面，突出学校食育科普宣传主阵地地位，经常性举办食育科普宣传活动，提高学生对食育科

普宣传的参与度。另一方面，加大对社会民众食育科普宣传的力度。应在农贸市场、餐厅、酒店、超市、医院、社区等饮食活动频繁场所开展食育科普宣传，通过制发食育科普宣传手册、设置食育科普宣传栏、悬挂食育科普宣传横幅、举办食育科普宣传讲座、播放食育科普宣传视频等方式提高民众食育科普宣传参与度。

充分利用“互联网+”的方式进行食育科普宣传。加快制作川渝地区食育科普宣传高质量电子文化产品，包括纪录片、宣传片、教学视频、电影电视等，并积极上线各大媒体平台如腾讯视频、咪咕视频、爱奇艺等，提高川渝地区食育科普宣传网络普及面。同时，积极借助微博、微信、抖音、快手、小红书等自媒体平台进行食育科普宣传，设计制作食育短视频、编写食育科普短文、发起食育科普宣传直播等，充分调动民众参与食育科普宣传的积极性，提升广大民众对食育的认知水平。

第四节 以载体建设为重要内容，强化食育载体的育人功能

一、丰富食育载体类型，增加食育载体的巴蜀饮食文化特色

川渝地区建立了一定数量的食育载体，但对庞大的川渝人口数量而言，食育载体还是不够。应进一步丰富食育载体的类型，增加食育载体的数量。首先，从食育载体的认定机构而言，政府及相关部门应加快食育载体认定的速度，构建国家、省、市、县四级食育相关示范基地体系，同时，食育相关行业协会也应积极参与食育载体认定，探索形成行业协会认定食育载体的机制。

其次，从食育载体建设而言，饮食相关机关、学校、科研机构、行业协会、餐饮企业等应通力合作，加快共建食育载体。应面向食育全部内容建设食育载体，不断突出食育载体的巴蜀饮食文化特色，为传承巴蜀饮食礼仪与习俗，弘扬川菜文化，可建立特色饮食文化博物馆。如内江市可建立大千菜博物馆，自贡市可建立盐帮菜博物馆，乐山市可建立嘉州菜博物馆，重庆市可建立江湖菜博物馆等。为做好川菜烹饪技艺教育，可将川菜非遗体验基地、生产性保护示范基地、川菜非遗传习所、川菜非遗工坊等多种类型的非遗保护传承单位建成食育示范基地，同时，努力构建四级川菜非遗保护基地体系。为加强营养健康教育，应在开设有营养专业的相关高校、食堂、医院营养科室等部门建立营养健康教育示范基地，并注重突出巴蜀饮食养生教育，可在钦善

斋、成都天一美膳、益家欢等养生餐饮企业建立膳食教育示范基地。为开展食材种植养殖技艺教育，可在川渝地区农村、农场牧场、食材生产公司等建立巴蜀特色食材种植养殖基地。

不断增加食育载体设施，完善食育载体的功能，提升食育载体现代化、信息化水平。现代化信息化食育实践科普基地，应集巴蜀饮食文化展馆、体验超市、蔬果农场、食品加工、烹饪厨房、食品分析实验室、茶室、舞台、民俗活动等场景设置于一体①。川渝地区相关食育载体应在突出食育特色的基础上，不断提升其综合食育功能，将巴蜀饮食思想、饮食礼仪与习俗、饮食营养、饮食生产与加工技艺、食材种植养殖技术教育等融为一体，努力创建大型现代化、信息化、沉浸式、综合性食育载体。

二、强化育人理念，拓展食育载体育人功能

针对当前川渝地区美食街区、美食节庆活动等食育载体食育功能不突出的问题，应拓展相关载体的食育功能。

一是将食育功能纳入美食街区发展规划，进一步挖掘、提炼美食街区饮食文化特色，在美食街区公共区域设置文化墙、展示栏、艺术雕塑等来传播饮食文化，努力增设食育相关景观。美食街区内各经营实体，应注重对食客进行食育，可在店铺内宣传食品安全知识，向食客讲解本店特色美食的营养价值，同时，积极展示美食制作技艺，吸引食客参与、体验美食制作，提升食客对美食的认知能力。

二是川渝地区美食节庆活动在美食展销的同时应注重食育的融入。可在节庆活动期间，举办食育特色活动。举办方可邀请组织食育相关机构人员建立食育志愿者队伍，制作分发食育手册，举办食品安全、营养健康相关讲座，开展美食体验活动等，让民众在美食品鉴的过程中，全方位、情景式接受食育教育。如成都国际美食节是川渝地区规模最大、最具影响力的美食节庆活动之一，在举办期间，可制作成都美食文化宣传手册、宣传片等，向民众展示川菜文化的深厚意蕴和成都国际美食之都的无穷魅力。还可举办巴蜀饮食养生讲座、巴蜀饮食民俗展演、川菜烹饪技能比赛等活动，使民众能够品鉴美食、认知美食、烹饪美食、传播美食，推动食育与美食节深度融合。

三、努力打造饮食研学游基地，开发饮食研学游路线

不断推动食育与饮食旅游相结合，努力将川渝地区饮食旅游景区同时打造成食育示

---

① 周勤怡，石自彬，韩雨辰．中国食育发展进程及机制构建研究［J］．南宁职业技术学院学报，2021（01）：10—14.

范基地。充分挖掘提炼川渝地区饮食旅游景区中的食育元素，将饮食景点参观体验与食品安全、饮食营养、饮食礼仪与习俗、美食制作技艺教育有机融合，推动饮食研学游三位一体。如四川郫县豆瓣股份有限公司，现已成为工业旅游基地，民众可近距离参观郫县豆瓣传统制作技艺和现代化工业生产，在此基础上，可进一步展示郫县豆瓣历史文化，科普郫县豆瓣营养价值，讲解郫县豆瓣食品安全知识，展示郫县豆瓣在川菜烹饪中的应用以及传播郫县豆瓣食用习俗等，使民众对郫县豆瓣有全方位、更深入的了解认识，突出研学游效果。

同时，积极整合川渝地区饮食研学游基地，充分发挥饮食研学游基地区域协同育人功能，设计开发饮食研学游路线，推动川渝地区饮食研学游基地一体化发展。如成都地区可设计推出川菜文化研学游路线，从成都市中心出发，途经中国西部蔬菜种植基地—中国川菜博览馆—成都川菜博物馆—郫县豆瓣工业旅游基地—黄龙溪古镇—四川旅游学院烹饪实验实训中心等，开发特色食材种植技术、川菜烹饪技艺、川菜饮食民俗、川菜文化等全方位川菜研学游体验。宜宾、自贡、泸州等地区可设计推出川酒文化研学游路线。从自贡出发，途经自贡红茅烧酒文化展示中心—五粮液酒文化博物馆—泸州老窖旅游区—郎酒庄园等，可全方位感受川酒文化，学习体验川酒传统制作技艺，了解川酒营养健康知识等。重庆地区可设计推出川菜渝味研学路线，从重庆市区出发，途经重庆火锅博物馆—重庆小面博览馆—重庆解放碑美食街—永川豆豉非遗体验基地—涪陵榨菜非遗体验基地等，对重庆特色饮食文化、美食非遗制作技艺、饮食民俗等进行研学游，努力将重庆饮食文化融入川渝食育之中。

第五节 以科学研究为智力支撑，努力产出高水平食育科研成果

一、整合食育科研平台，立项高水平食育科研课题

科研平台是食育科研的基础和重要保障，应加大川渝地区食育科研平台建设。川渝地区高校、行业协会、研究机构及相关企业应加强合作，联合建立综合性高水平食育研究中心，该中心集饮食思想、饮食观念、饮食礼仪与习俗、食品安全、营养健康及饮食生产与加工技艺研究于一体，突出食育研究综合性、专门性、创新性，组建高水平研究团队，做好研究中心条件保障，努力将其打造成川渝地区乃至中国食育研究的高级

平台。

同时，进一步整合川渝地区现有食育平台，推动川菜发展与饮食文化研究院、烹饪科学四川省高等学校重点实验室、肉类加工四川省重点实验室、食品生物技术四川省高校重点实验室、成都市调味品研究所等食育相关科研机构整体化、协同化发展，密切各研究机构之间合作，努力实现资源共享、优势互补。

各研究机构应加大食育科研支持力度，积极发布川渝地区食育课题指南，包括食育基础理论研究和应用研究相关课题，努力立项更多、更高水平的食育课题。充分发挥高等院校、科研机构智库作用，积极开展食育专题研究，不断提升食育科研水平，努力产出一大批包括研究论文、研究报告、政策咨询报告、著作、发明专利在内的高水平食育科研成果①。

此外，加快推进四川省和重庆市食育科研协同化、一体化发展，两地区探索建立食育研究合作机制，整合食育研究力量，联合发布食育课题，联合开展食育研究，共同推动川渝地区食育科研迈上更高的水平。

二、食育理论研究与应用研究并重，推动食育科研成果转化

进一步凝练川渝地区食育科研方向，扩大食育科研范围，努力构建川渝地区食育科研目标体系。一方面，应加强食育基础理论研究，学习借鉴日本、欧美国家食育基础理论研究成果，科学提出食育的概念，深刻阐释食育的内涵，深入挖掘食育与教育学、社会学、食品科学、农学之间的关系，提炼食育的学科属性及特色，在此基础上，努力构建中国食育基本体系和中国食育理论研究基本框架，推动食育理论研究科学化、系统化发展。另一方面，注重食育应用研究，以问题为导向，全面、客观、系统分析川渝地区食育发展的基本情况，包括川渝地区各地区、不同群体食育情况，调查研究川渝地区食育取得的成效，找出川渝各地区食育发展存在的不足，提出川渝地区食育高质量发展的对策、措施。不断突出川渝地区食育应用研究的针对性、专业性、时效性、创新性等。同时，认真采取科学的研究方法，文献研究法、实地考察法、问卷调查法、定量分析法、定性分析法、实证分析法、比较研究法、跨学科研究法等多种研究方法搭配运用，努力推动川渝地区食育科研科学规范、高效有序运行。

加快推动川渝地区食育科研成果转化。一方面，食育相关高校及科研机构应积极与政府食育管理部门、中小学校及饮食相关企业合作，努力将食育研究成果应用转化，通过研发合作、技术转让、技术许可、作价投资等多种形式，实现食育科研成果市场

① 王金平．中小学校食育工作的必要性及其促进策略［J］．南昌师范学院学报，2020（01）：94—97.

价值。另一方面，食育相关企业应努力提升科研成果转化能力，积极建立企业食育科研中心，壮大食育科研力量，努力提升食育科研成果应用价值，成为助力食育实践发展的重要智力支撑。此外，应建立食育科研成果转化跟踪调查机制，及时跟踪、研究食育科研成果转化应用出现的新问题，及时提出解决对策，促进食育科研成果发挥长久效应。

第六节 以人才建设为根本保障，持续提升食育人才培养水平

一、加强食育学科专业建设，努力培养高层次复合型食育人才

高校是食育专业人才培养的主阵地。川渝地区高校应不断加强食育相关学科专业建设，扩大招生规模，完善食育人才培养模式，努力培养出一大批高级食育专业人才。不断提高川渝地区高校食育相关学科专业建设水平。开设有食育相关学科专业的高校如四川大学、西南大学、四川农业大学、成都大学、西华大学、四川旅游学院、重庆商务职业学院等共计 30 多所高校应进一步凝练食育专业特色，提高专业建设水平，不断提高食育人才培养质量，搭建食育专科、本科、硕士、博士等食育人才培养立交桥。同时，积极推动食育相关学科专业交叉融合发展，完善包括巴蜀饮食文化、食品安全、营养健康、巴蜀特色食材种植养殖及川菜烹饪技艺在内的课程体系，探索开设专门的食育专业的可能性与方法，努力培养更多川渝地区高级复合型食育人才。此外，不断加强四川省与重庆市食育相关高校之间的合作，推动建立川渝地区食育高校联盟，积极开展师生互访、学分互认、教研互动、教材共用、实习基地共建等多种合作交流形式，实现川渝地区食育人才培养协同化、一体化。还应加快川渝地区食育人才培养国际化步伐，积极与国际食育相关高校交流合作，学习借鉴国际先进的食育人才培养方式方法，做好食育留学生教育，努力推动川渝地区食育人才培养接近或达到国际先进水平。

二、积极引入社会力量，做好食育人才培训

在做好食育专业人才教育的同时，积极吸纳社会力量开设食育培训班。加强校企合

作，开设有食育相关专业的院校积极举办食育能力提升短期培训班，可专门面向食育相关企业开设定向班、委培班等，对食育工作人员从食品安全知识、营养健康、饮食文化、烹饪技艺等各方面进行全方位培训，快速提升食育相关人员技能水平和综合素质。川渝地区食育相关企业应重视食育人才培养培训，制定、实施食育人员培养培训计划，积极邀请食育相关专家来企进行食育授课、开讲座、作报告，组织更多的食育工作人员参加食育培训，加强食育岗位实习实训，努力做好食育工作人员继续教育工作。同时，人力资源社会保障部门应积极开展食育相关职业技能鉴定工作，包括公共营养师、营养指导员、营养配餐员、健康管理师、食品安全管理师、中式烹饪师、西点师、烘焙师、咖啡师、调酒师、茶艺师等，健全完善食育相关职业资格证书等级体系，积极探索开展专门的食育师职业资格认定工作，推动川渝地区全体食育相关人员持证上岗，进一步规范食育人员队伍管理，提升食育人员技能水平和综合素质。

三、举办食育人才交流活动，整体推动食育人才水平提升

人才交流互动是整体上提升川渝地区食育人才水平的重要手段。川渝地区应不断加强食育人才交流互动，举办更多形式多样的食育人才交流互动活动，进一步密切食育人才之间的联系，努力从整体上提升川渝地区食育人才水平。

一是川渝各地政府相关部门可积极开展食育相关名师、大师认定工作，完善各地食育名师、大师认定机制，充分发挥食育相关名师、大师在食育工作中的引领示范作用。如，四川省已开展天府名厨认定工作，已评选出 100 位省级天府名厨，成都市已评选出 71 位成都名厨，行业反响良好。川渝各地可积极开展地市级名厨、食育名师、营养名师、饮食文化名师等食育相关人才荣誉称号认定工作，通过政府的认定和认可，激励川渝地区食育人才争当先进，树立标杆。

二是开展食育相关比赛、会展及论坛等，加强食育人才交流互动。目前，川渝地区食育相关比赛活动主要集中于烹饪比赛，还可举办食品安全知识竞赛、营养餐设计大赛、食材种植养殖技艺大赛、巴蜀饮食礼仪比赛、食育教学设计大赛等，丰富食育比赛的内容，创新食育比赛的形式，以赛促学，以赛促练，在比赛中提升食育人才竞技水平。积极举办川渝地区食育相关会展、论坛活动。川渝地区应充分挖掘利用本地美食特色资源，开展更多美食节庆活动，进一步突出美食节庆活动育人功能。探索举办川渝地区食育发展论坛或食育发展大会，邀请国内外知名食育专家作报告，了解国内外食育发展的整体情况和新趋势，研讨川渝地区食育发展的路径对策，提出川渝地区食育人才培养的方式方法，努力提升川渝地区食育知名度和影响力。

附　录

川渝地区食育发展情况调查问卷统计结果

第 1 题　您的性别是［单选题］:

选项	小计	比例
男	504	47.37%
女	560	52.63%
本题有效填写人次	1064	

第 2 题　您来自哪个地区［单选题］:

选项	小计	比例
四川省	637	59.87%
重庆市	315	29.61%
川渝以外地区	112	10.53%
本题有效填写人次	1064	

第 3 题　您的主要身份是［单选题］:

选项	小计	比例
食育相关教师	189	17.76%
学生	385	36.18%
医生	28	2.63%
川菜企业人员	196	18.42%
饮食相关管理机关人员	21	1.97%
饮食科研人员	28	2.63%
饮食行业协会人员	42	3.95%
饮食博物馆工作人员	21	1.97%
其他人员	154	14.47%
本题有效填写人次	1064	

第 4 题　您认为自己接受食育教育的程度是［单选题］:

选项	小计	比例
非常高	84	7.89%
比较高	217	20.39%
一般	490	46.05%
不高	273	25.66%
本题有效填写人次	1064	

第 5 题　您对食育的认知程度是［单选题］:

选项	小计	比例
非常了解	91	8.55%
比较了解	196	18.42%
一般	511	48.03%
不了解	266	25%
本题有效填写人次	1064	

第 6 题　您认为川渝地区食育联动、互动开展情况是［单选题］:

选项	小计	比例
非常多	91	8.55%
比较多	168	15.79%
一般	371	34.87%
比较少	434	40.79%
本题有效填写人次	1064	

第 7 题　您认为川渝地区学校食育开展存在的主要问题是［多选题］:

选项	小计	比例
食育教材少	546	51.32%
食育活动少	427	40.13%
食育课程不多	672	63.16%
食育师资力量不强	651	61.18%
食育教学体系不健全	665	62.5%
其他	119	11.18%
本题有效填写人次	1064	

第 8 题　您认为川渝地区食育科普宣传存在的主要问题是［多选题］:

选项	小计	比例
科普宣传次数少	784	73.68%
科普宣传手段不多	483	45.39%
科普宣传内容少	700	65.79%
科普宣传成效低	329	30.92%
民众参与度不高	714	67.11%
其他	84	7.89%
本题有效填写人次	1064	

第 9 题 您认为川渝地区哪些食育载体育人作用还不够［多选题］：

选项	小计	比例
饮食博物馆食育作用不够	511	48.03%
美食节食育作用不够	938	88.16%
美食街区、古镇食育作用不够	896	84.21%
饮食非遗体验基地食育作用不够	490	46.05%
粮食安全示范基地食育作用不够	322	30.26%
食品安全示范基地食育作用不够	399	37.5%
其他	77	7.24%
本题有效填写人次	1064	

第 10 题 您认为川渝地区食育人才队伍建设存在的主要问题是［多选题］：

选项	小计	比例
食育人才数量不足	791	74.34%
食育人才专业水平不高	371	34.87%
食育复合型人才缺乏	798	75%
食育人才培养的院校不多	700	65.79%
食育人才流失严重	378	35.53%
其他	91	8.55%
本题有效填写人次	1064	

第 11 题 您认为川渝地区食育科学研究存在的主要问题是［多选题］：

选项	小计	比例
食育综合性研究机构少	777	73.03%
食育研究人员不多	546	51.32%
食育高水平研究课题少	770	72.37%
食育研究期刊不多	385	36.18%
食育高水平研究成果少	665	62.5%
食育研究成果转化率低	406	38.16%
其他	77	7.24%
本题有效填写人次	1064	

第 12 题　您认为川渝地区食育中巴蜀饮食文化特色体现情况是［单选题］:

选项	小计	比例
非常好	182	17.11%
比较好	231	21.71%
一般	420	39.47%
不好	231	21.71%
本题有效填写人次	1064	

主要参考文献

一、古代典籍

[1] 张华 . 博物志（外七种）[M]. 上海：上海古籍出版社，2012.

[2] 杨伯峻 . 论语注疏·卫灵公第十五·卷十五 [M]. 北京：中华书局，1980.

[3] 王冰 . 黄帝内经 [M]. 北京：中医古籍出版社，2003.

[4] 高建忠 . 脾胃论 [M]. 北京：人民卫生出版社，2020.

[5] 杨伯峻 . 论语译注 [M]. 北京：中华书局，2006.

[6] 郑玄，贾公彦 . 周礼注疏 [M]. 上海：上海古籍出版社，2010.

[7] 贾思勰 . 齐民要术 [M]. 北京：团结出版社，1996.

[8] 袁枚 . 随园食单 [M]. 北京：农村读物出版社，2001.

[9] 陈锡祺 . 孙中山全集·第六卷 [M]. 北京：中华书局，1985.

[10] 常璩 . 华阳国志 [M]. 刘琳，校注 . 成都：成都时代出版社，2007.

[11] 高诱 . 吕氏春秋·本味 [M]. 上海：上海书店，1995.

[12] 顾炎武 . 日知录 [M]. 黄汝成，集释 . 上海：上海古籍出版社，2006.

[13] 班固 . 汉书 [M]. 北京：中华书局，1962.

[14] 曹寅 . 全唐诗 [M]. 上海：上海古籍出版社，1986.

[15] 李昉 . 太平广记 [M]. 北京：中华书局，2003.

[16] 老子 . 道德经 [M]. 北京：中华书局，2021.

[17] 忽思慧 . 饮膳正要 [M]. 北京：人民卫生出版社，1986.

[18] 李时珍 . 本草纲目 [M]. 北京：中国书店，1988.

[19] 司马迁 . 史记 [M]. 北京：中华书局，1959.

[20] 曹学佺 . 蜀中名胜记 [M]. 重庆：重庆出版社，1984.

[21] 宋祁 . 益部方物略记 [M]. 北京：中华书局，1985.

[22] 徐心余 . 蜀游闻见录 [M]. 成都：四川人民出版社，1985.

[23] 徐珂 . 清稗类钞 [M]. 北京：中华书局，1986.

[24] 林孔翼 . 成都竹枝词 [M]. 成都：四川人民出版社，1986.

[25] 傅崇矩 . 成都通览 [M]. 成都：巴蜀书社，1987.

二、今人著作

[1] 刘晓洁 . 食育在中国 2019 [M]. 北京：科学普及出版社，2020.
[2] 蔡美辉 . 以食育人，守护未来幼儿园食育的基本理论与实践 [M]. 武汉：华中师范大学出版社，2020.
[3] 林军 . 食育全民健康的未来 [M]. 北京：人民日报出版社，2012.
[4] 藤森平司 . 食育——从摄取营养到重视饮食行为 [M]. 北京：当代中国出版社，2014.
[5] 王长启，张琳 . 二十四节气食育与劳动 [M]. 北京：中国中医药出版社，2023.
[6] 黄彬红 . 食农教育从环境教育和生命教育出发 [M]. 杭州：浙江工商大学出版社，2020.
[7] 张浩玉，赵迎迎 . 幼儿园食育实用指导 [M]. 郑州：郑州大学出版社，2021.
[8] 欧健 . 食育与健康生活 [M]. 重庆：西南师范大学出版社，2021.
[9] 杜莉 . 川菜文化概论 [M]. 成都：四川大学出版社，2003.
[10] 熊四智，杜莉 . 举箸醉杯思吾蜀：巴蜀饮食文化纵横 [M]. 成都：四川人民出版社，2001.
[11] 江苏新医学院 . 中药大辞典 [M]. 上海科学技术出版社，1986.
[12] 杜莉 . 中国饮食文化 [M]. 北京：中国轻工业出版社，2020.
[13] 李明 . 四川民俗 [M]. 甘肃人民出版社，2004.
[14] 编委会 . 劳动教育 [M]. 四川民族出版社，2021.
[15] 四川民俗学会 . 川菜文化研究续编 [M]. 成都：四川人民出版社，2013.
[16] 蓝勇 . 中国川菜史 [M]. 成都：四川文艺出版社，2019.
[17] 李新 . 川菜烹饪事典 [M]. 成都：四川科学技术出版社，2020.
[18] 杜莉，陈祖明 . 味之道——川菜味型与调味料研究 [M]. 成都：四川科学技术出版社，2022.

三、期刊报纸

[1] 李里特 . “食育”是国民健康的大事 [J]. 中国食物与营养，2006 (03)：4—7.
[2] 方慧 . 关于加强与推进我国未成年人“食育”工作的一些思考 [J]. 上海青年管理干部学院学报，2007 (04)：40—42.
[3] 赵荣光 . 中国食育文化的历史评估与现实思考 [J]. 南宁职业技术学院学报，2010，15 (06)：1—5.
[4] 生吉萍，刘丽媛 . 国内外饮食教育发展状况分析 [J]. 中国食物与营养，2013，19 (06)：5—9.

［5］施宝华．食育：亟待制定的国策（上）［J］．食品工业科技，2015，36（01）：18—23.
［6］刘晓洁，管晓慧，程书波．日本食育发展历程、体系构成研究及对中国构建食育长效机制的启示与思考［J］．中国食物与营养，2021，27（06）：5—11.
［7］苏佳．日本食育理论体系与实践经验对中国推行食育行动的启示［J］．食品与机械，2021（10）：171—175.
［8］侯鹏，王灵恩，刘晓洁，李云云，薛莉，成升魁．国内外食育研究的理论与实践［J］．资源科学，2018，40（12）：2369—2381.
［9］赵萍．成渝双城经济圈视域下巴蜀饮食文化的价值审视［J］．现代食品，2022（10）：102—105.
［10］杜莉．天人相应观念下的四川饮食养生之道［J］．四川旅游学院学报，2014（01）：8—11.
［11］苏佳．日本食育理论体系与实践经验对中国推行食育行动的启示［J］．食品与机械，2021（10）：171—175.
［12］陈迪，冯梅．“食育”与德智体美劳“五育”的关系探析［J］．食品与机械，2021（10）：185—221.
［13］周勤怡，石自彬，韩雨辰．中国食育发展进程及机制构建研究［J］．南宁职业技术学院学报，2021（1）：10—14.
［14］王金平．中小学校食育工作的必要性及其促进策略［J］．南昌师范学院学报，2020（1）：94—97.
［15］郭静雯．100 道省级代表性天府旅游美食出炉［N］．四川日报，2021-07-21.